◉ 電子・通信工学 ◉
EKR-7

論理回路

一色　剛・熊澤逸夫 共著

数理工学社

編者のことば

我が国の基幹技術の一つにエレクトロニクスやネットワークを中心とした電子通信技術がある．この広範な技術分野における進展は世界中いたるところで絶え間なく進められており，またそれらの技術は日々利用しているPCや携帯電話，インターネットなどを中核的に支えている技術であり，それらを通じて我々の社会構造そのものが大きく変わろうとしている．

そしてダイナミックに発展を遂げている電子通信技術を，これからの若い世代の学生諸君やさらには研究者，技術者に伝えそして次世代の人材を育てていくためには時代に即応し現代的視点から，体系立てて構成されたライブラリというものの存在が不可欠である．

そこで今回我々はこうした観点から新たなライブラリを刊行することにした．まず全体をI. 基礎とII. 基幹とIII. 応用とから構成することにした．

I. 基礎では電気系諸技術の基礎となる，電気回路と電磁気学，さらにはそこで用いられる数学的手法を取り上げた．

次にII. 基幹では計測，制御，信号処理，論理回路，通信理論，物性，材料などを掘り下げることにした．

最後にIII. 応用では集積回路，光伝送，電力システム，ネットワーク，音響，暗号などの最新の様々な話題と技術を噛み砕いて平易に説明することを試みている．

これからも電子通信工学技術は我々に夢と希望を与え続けてくれるはずである．我々はこの魅力的で重要な技術分野の適切な道標に，本ライブラリが必ずなってくれると固く信じてやまない．

2011年3月

編者　荒木純道
國枝博昭

「電子・通信工学」書目一覧

I. 基礎	III. 応用
1　電気電子基礎	15　パワーエレクトロニクス
2　電磁気学	16　電力システム工学
3　電気回路	17　光伝送工学
4　フーリエ解析とラプラス変換	18　電磁波工学
II. 基幹	19　アナログ電子回路の基礎
5　回路とシステム論	20　ディジタル集積回路
6　電気電子計測	21　音響振動
7　論理回路	22　暗号理論
8　通信理論	23　ネットワーク工学
9　信号処理	
10　ディジタル通信方式	
11　自動制御	
12　電子量子力学	
13　電気電子物性	
14　電気電子材料	

まえがき

我々を取り巻く情報化社会は，コンピュータ技術が身の周りの環境に次々に浸透しながら著しいスピードで発展してきた．この目覚しい発展を牽引してきたのが，半導体技術とソフトウェア技術である．半導体技術は，大規模な電子回路を「指先」ほどの面積に敷き詰めて製造する集積化技術であり，これまで10年で約100倍の集積度の向上という驚異的な発展を持続してきた．この半導体技術の発展により，現在の多機能な携帯電話は，一昔前のスパコン並みの性能を持つまでになっている．ソフトウェア技術は，実に様々な機能やサービスをコンピュータ上で実現させることのできる極めて便利な道具であり，最近の「スマートフォン」のように，掌の上で何でもできてしまうようなありがたい情報端末もこのソフトウェア技術の賜物である．

本書が取り上げる「論理回路」とは，このように非常に大きな恩恵をもたらして来たコンピュータ技術の最も重要で根本的な構成要素である．初期のコンピュータはリレーや真空管で作られ，これらがトランジスタに置き換わり，現在では集積回路で構成されるが，その動作原理は当初から一貫して，0と1の値だけをとる「2値変数」を扱う「ブール代数」に基づいており，このブール代数を電気回路によって具現化したのが論理回路である．この極めて単純明快な2値変数をたくさん「組み合わせる」ことによって，実に様々な「情報」を表現することができ，これらを自由自在に処理する回路を簡単に実現することができる．また，2値情報を論理回路の内部に記憶する「メモリ」機構によって，過去の入力に依存した高度で知的な情報処理も可能となり，この特長によってコンピュータは「万能性」を獲得してここまで進化してきた．コンピュータ以外の分野でも，これまで様々な電気機器が「アナログ方式」から「ディジタル方式」に切り替わってきている背景も，論理回路の設計のしやすさや扱いやすさに因るものが大きい．

本書では，論理回路を設計するために必要な基礎知識を習得することを目的とし，その理論的な側面や技術的背景を分かりやすく丁寧に説明することを心掛けてきた．この中で扱っている論理演算とブール代数，論理関数（表現形式，諸性質，簡単化手法），順序回路（状態遷移表，状態の等価性と両立性）といった話題は，単に論理回路の範疇に留まらず，情報通信工学全般において応用できる極めて重要な基本概念である．より高度で専門的な半導体技術，コンピュータ技術，ソフトウェア技術や情報通信技術を学ぶ上でも，これらの論理回路の基本概念の理解が重要な礎になるはずである．

やがてこれらの分野で活躍し，日本のものづくり産業に再び活気を取り戻すことのできる若い技術者を輩出することに，本書が少しでも貢献できれば幸いである．

2011 年 3 月

一色　剛（5 章～8 章担当）
熊澤逸夫（1 章～4 章担当）

目　　次

第 1 章

第 2 章

第 3 章

特別な性質を持った論理関数　49

第 4 章

論理回路の設計方法　67

第 5 章

順序回路の構成　109

[章末問題の解答について]

章末問題の解答はサイエンス社のホームページ

http://www.saiensu.co.jp

でご覧ください.

第1章

論理回路の背景と基礎

本書で学ぶ論理回路理論は，論理回路を分析したり，設計したりするための理論である．そこでこの理論を学ぶ前に，論理回路はどのようなもので，どこで使われているのか，どのように表記，分析，構成するのかを示す．また，論理回路理論の数学的基礎としてブール代数と重要な概念である包含関係を説明する．

1.1　論理回路の役割

論理回路理論（logic circuit theory）という名称は難しく聞えるかもしれないが，この理論が対象としている**論理回路**（logic circuit）そのものは，秋葉原などにある電気部品店で一般に売られているICチップや電池ボックス，スイッチを買ってくれば，簡単な半田付けの作業で誰でもすぐに制作することができる．また家庭の中の多くの電子機器が論理回路で制御されている．このように大変身近な論理回路を解析したり，設計したりする方法論を学ぶことが論理回路理論の目的である．

本書で「**基本論理素子**（logic element）あるいは**基本論理ゲート**（logic gate）」と呼んでいるものは，**汎用ロジックIC**（general purpose logic IC）の名称で販売されており，実体は，図1.1に示す形状をした幅が1cmにも満たない小さな電子部品である．その中には図1.2に示すように基本論理素子が複数個入っており，各種目的に利用できる汎用のICチップになっている．昔の電気製品を分解すると，このICチップが多数使われている様子を見ることができるが，近年の電気製品では，その製品専用のカスタムLSIの中に組み込まれているため，基本論理素子が独立した部品として表立って観察できない場合が多い．ただし本書で学ぶ内容は，汎用ロジックICを使って論理回路を構成する場合とカスタムLSIの中に組み込む論理回路を設計する場合のいずれにおいても有効である．

近年には，回路集積化技術の発展により，半田付けで構成しようとしたら気が遠くなるくらい大規模で複雑な論理回路が安価に大量生産されるようになり，コンピュータや家電製品等の部品として利用されるようになった．こうした製品も試作の段階では，汎用ロジックICで製作されてきたが，最近では試作においても，半田付けしなくともプログラムのように自在に回路の構成を変更して論理回路を構成できる**FPGA**（Field Programmable Gate Array）が利用されるようになり，回路を容易に組み変えて最適な構成を見つけ出すことができるようになった．また本書でこれから学ぶ論理回路の簡単化・最適化の手法も，回路設計用のCADソフトウェアで自動化されるようになった．このように時代の移り変わりとともに論理回路に関わる技術は大きく変遷し，必要とされる専門知識も変わってきているが，本書で学ぶ概念や理論，方法論は，技術が変わっても色褪せることなく，将来に渡ってコンピュータ技術の基盤となる普遍的な知識であるので，是非意欲を持って学んで頂きたい．

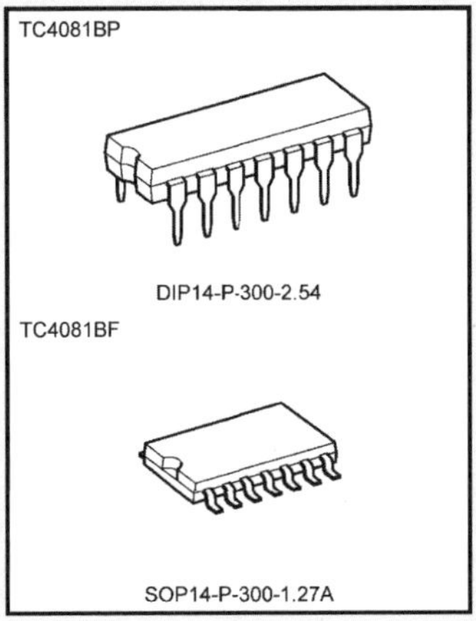

図 1.1　基本論理素子が中に入っている IC チップ

ピン接続図

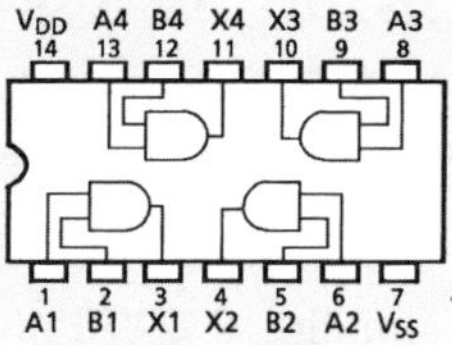

動作範囲 (V_{SS} = 0 V) **(注)**

項　目	記号	測定条件	最小	標準	最大	単位
電源電圧	V_{DD}	—	3	—	18	V
入力電圧	V_{IN}	—	0	—	V_{DD}	V

注:　動作範囲は動作を保証するための条件です。
使用していない入力は V_{DD}、もしくは V_{SS} に接続してください。

図 1.2　IC チップの足への基本論理素子の入出力の割当てとデータシート

（図1.1 ～ 1.4 および 図1.5 の一部は東芝セミコンダクター社（URL：http://www.semicon.toshiba.co.jp）の汎用ロジック IC：TC4081BP データシートより転載.）

1.2 汎用ロジック IC：基本論理素子の入手

汎用ロジック IC を使って論理回路を構成する場合には，自分の目的に適った特性を備えた基本論理素子が入った IC チップを選ばなければならない．チップを選定するための情報源として，まずはインターネットを閲覧するとよいであろう．例えば「ロジック IC」をキーワードとして検索すると，製造メーカの製品ページがヒットする．大抵の場合，そのページから製品の仕様を記載したデータシートをダウンロードできる．

図 1.2 にデータシートの一例を示す．まずこの図のピン接続図は，IC の足（端子，あるいはピンとも呼ぶ）の機能を示す．IC チップにはピン接続図との対応を取るために，一端に凹みが付いており，IC チップを上から見たときの凹みの位置を，ピン接続図の凹みの位置と合わせて，図と実物の足の対応を取る．この例ではチップの中に 4 つの基本論理素子（後に示すように図中の D 字型の記号で表されるのは AND 素子）が入っており，各 AND 素子の入力と出力がどのピンに対応するのかが示されている．

VDD は電源のプラス側端子，VSS はマイナス側端子（グランド，アース）に接続する．定格表によれば，VDD は VSS を基準として，3 [V] から 18 [V] の範囲で電圧を定めればよく，各 AND 素子への入力については，VSS を基準として，0 [V] から VDD [V] の間の電圧で使用すればよいことがわかる．

仕様の中でもう 1 つ重要となるのが図 1.4 に示される**スイッチング特性**（switching characteristic）である．これはこの IC チップをどの程度高速に動かすことができるのか，つまり回路動作の**タイミング**（timing）を定める水晶振動子（**クロック**（clock））の周波数をどの程度まで上げても論理回路がエラーを生じずに正常に動作するのかを示す特性である．基本論理素子の入力と出力は図 1.3 の波形図に示す矩形状波形であり，所定の閾値よりも低い電圧で論理値 0 を，高い電圧で論理値 1 を表す．論理値が 0 から 1 に変化する際に，電圧の立上がりは瞬時に起こるのではなく，この波形図に示されるように斜めに変化して遅延を伴う．この遅延が小さいほど高速な動作に耐えられるようになる．

こうした特性については，各メーカがそれぞれ特性の異なる様々な汎用ロジック IC チップを販売しているので，性能とコストを秤にかけながら，自分の目的を最も安価に実現するチップを選出する．その際に，異なるメーカにまたがって特性を比較できる表があると便利である．例えば，CQ 出版社が発行している「最新汎用ロジック・デバイス規格表」には，電子部品メーカ各社がどのような基本論理素子をどのような仕様で製造し，どのような型番で販売しているのか，多数のメーカを網羅して一覧の表に示されているので，異なるメーカのチップを比較しながら最適な製品を見つけ出すことができる．

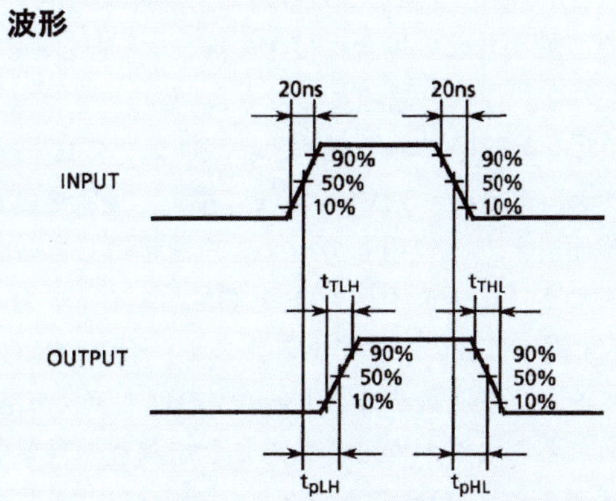

図 1.3　IC チップの入出力信号の波形

スイッチング特性 ($Ta = 25°C, V_{SS} = 0\ V, C_L = 50\ pF$)

項目	記号	測定条件	V_{DD} (V)	最小	標準	最大	単位
出力立ち上がり時間	t_{TLH}	—	5	—	70	200	ns
			10	—	35	100	
			15	—	30	80	
出力立ち下がり時間	t_{THL}	—	5	—	70	200	ns
			10	—	35	100	
			15	—	30	80	
高レベル伝搬遅延時間	t_{pLH}	—	5	—	65	200	ns
			10	—	30	100	
			15	—	25	80	
低レベル伝搬遅延時間	t_{pHL}	—	5	—	65	200	ns
			10	—	30	100	
			15	—	25	80	
入力容量	C_{IN}	—		—	5	7.5	pF

図 1.4　IC チップのスイッチング特性

1.3　論理回路の製作と動作の確認

実際にロジック IC を購入して，半田付けして論理回路を製作してみると，これから本書で学ぶ内容がいっそう現実的に感じられて，学習意欲が高まるのではないかと思う．例えば，電源電圧が 5 [V] で動作するロジック IC は多数出回っており，入手しやすい．5 [V] は電子回路を動作させる上で最も標準的な動作電圧であり，USB 電源も 5 [V] であるので，身近な電源でこの IC チップを利用できる．電池で動かしたい場合には 1.5 [V] の電池を 3 本直列につなげば，ほぼ 5 [V] となるので，これを電源としてもよい．

そして図 1.2 のピン配線図で動作が示されるロジック IC を選び，図 1.5 のように電源，スイッチ，電圧計（5 [V] の電圧に耐え，電流をほとんど流さないもの，テスターを電圧計として使用してもよい）を接続して回路を構成して，実際に動作させてみよう．まずスイッチ A を ON，スイッチ B を OFF にしてみると，電圧計の示す電圧は 0 のままである．スイッチの ON-OFF の組合せをいろいろ変えて調べると，電圧計が 5 [V] を示すのはスイッチ A と B が共に ON である場合に限られることがわかる．このことを論理の言葉では「スイッチ A が ON でかつスイッチ B が ON であるときに電圧が 5 [V] になる」という．この「かつ」という言葉が英語の「AND」に相当し，この「AND」の機能を担う基本論理素子は，「**AND 素子**（AND element）」と呼ばれる．同様にその他の論理基本素子についても，その動作を確認することができる．

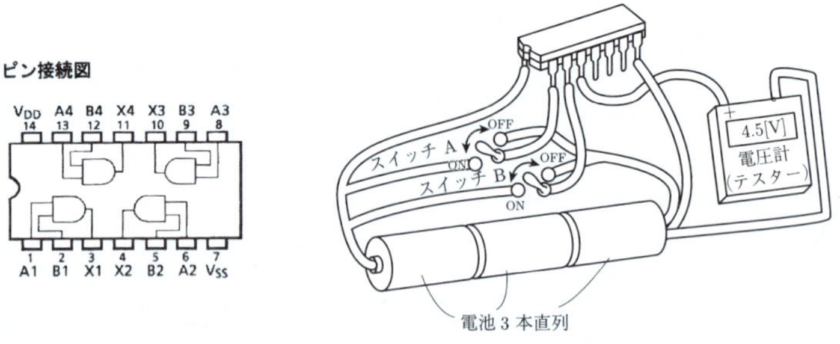

図 1.5　論理回路の製作例

1.4　論理回路の基本素子と論理演算

既にこれまでの説明で基本論理素子あるいは基本論理ゲートという言葉を使っているが，基本論理素子とそれに対応する論理演算には様々な種類がある．また教科書によって同じ論理演算，基本論理素子を表すのに異なる演算記号，シンボル図形が使われている．そもそも，歴史的には，リレーのようなスイッチング素子が論理素子として使用されていたことから，「論理回路」そのものも「**スイッチング回路**（switching circuit）」と呼ばれることがある．本書では，最も標準的に使われている米軍規格の MIL 論理記号に従い，以下の演算記号とシンボル図形を用いて基本論理素子を表すことにする．シンボル図形の辺の長さの比や曲率などは，実は図 1.6〜1.10 に示されるように厳密に定められているのである．なお読者の便宜を考えて，可能な場合には他の表記法も括弧書きで同時に示すようにしたい．

(1)　**NOT 演算**（NOT operator），**NOT 素子**（NOT element）（**NOT ゲート**（NOT gate））

(2)　**AND 演算**（AND operator），**AND 素子**（AND element）（**AND ゲート**（AND gate））

ドット「·」を使って AND を表すが，省略して $x \cdot y$ を単に xy というように記すことが多い．

(3)　**OR 演算**（OR operator），**OR 素子**（OR element）（**OR ゲート**（OR gate））

(4)　**NAND 演算**（NAND operator），**NAND 素子**（NAND element）（**NAND ゲート**（NAND gate））

NAND を表す専用の演算記号はないので，AND と NOT を組み合わせて，次のように記す．ただし本書では，特に NAND の使われ方を明示したい場合に x と y の NAND を $NAND(x, y)$ と記す．

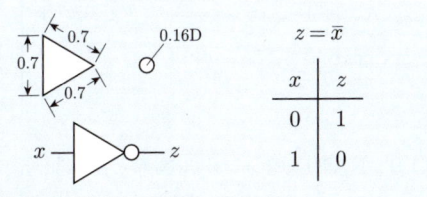

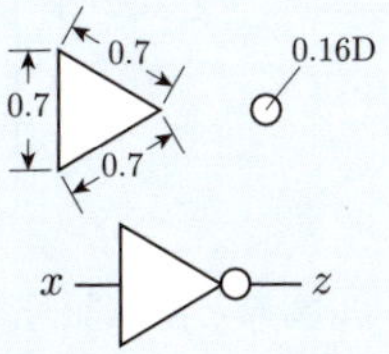

$z = \overline{x}$

x	z
0	1
1	0

図 1.6　NOT のシンボル図形と演算記号，真理値表

$$z = x \cdot y$$

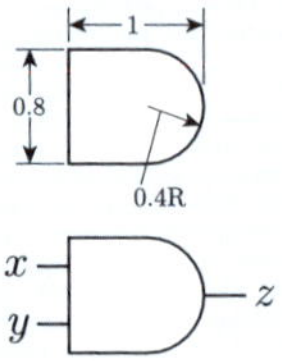

x	y	z
0	0	0
0	1	0
1	0	0
1	1	1

図 1.7　AND のシンボル図形と演算記号，真理値表

$$z = x \vee y$$

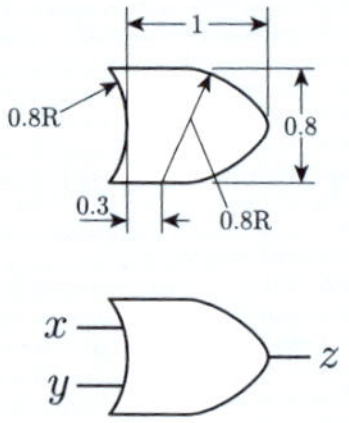

x	y	z
0	0	0
0	1	1
1	0	1
1	1	1

図 1.8　OR のシンボル図形と演算記号，真理値表

$$z = \overline{x \cdot y}$$

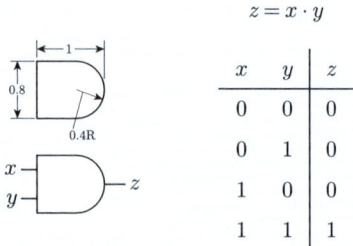

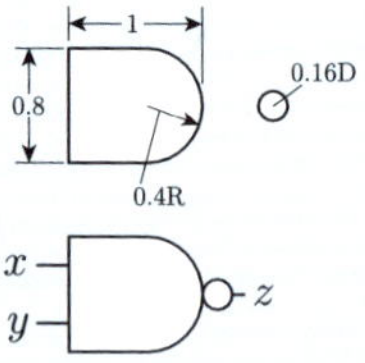

x	y	z
0	0	1
0	1	1
1	0	1
1	1	0

図 1.9　NAND のシンボル図形と演算記号，真理値表

(5) **NOR 演算**（NOR operator），**NOR 素子**（NOR element）（**NOR ゲート**（NOR gate））

NOR を表す専用の演算記号はないので，OR と NOT を組み合わせて，次のように記す．ただし本書では，特に NOR の使われ方を明示したい場合に x と y の NOR を $NOR(x, y)$ と記す．

(6) **EXOR 演算**（EXOR operator），**EXOR 素子**（EXOR element）（**EXOR ゲート**（EXOR gate））

この後にすぐに説明する 2 つの数学の体系，ブール代数と有限体のどちらで使用するかにより標記が異なる．ブール代数では，$\oplus$ の演算記号で表すが，有限体 $GF(2)$ では通常の加算となるので $+$ で表す．

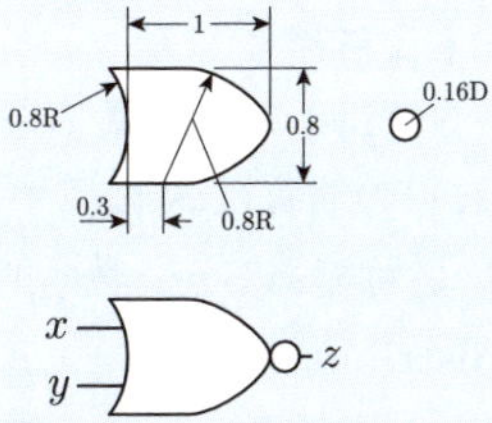

$z = x \vee y$

x	y	z
0	0	1
0	1	0
1	0	0
1	1	0

図 1.10 NOR のシンボル図形と演算記号，真理値表

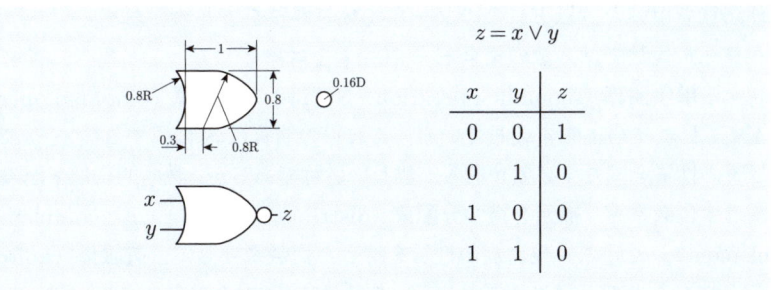

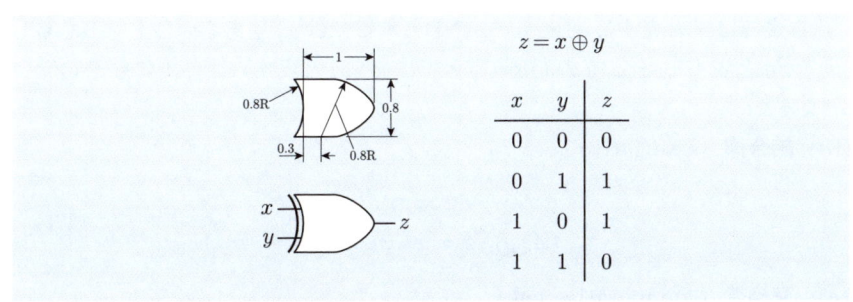

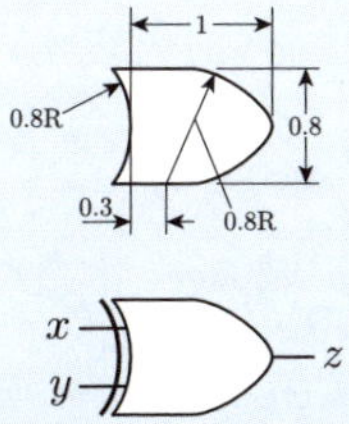

$z = x \oplus y$

x	y	z
0	0	0
0	1	1
1	0	1
1	1	0

図 1.11 EXOR のシンボル図形と演算記号，真理値表

1.5 論理回路の数学的基礎：ブール代数

論理回路で利用する数学の基礎は，論理回路が出現するよりも大分前の 1850 年代に英国の数学者ブール（G. Boole）によって考案された．ブールは，当時，それが論理回路理論で利用されることは想定しておらず，人の思考の手順を記述することを目的とした数学的体系として，「思考の法則：Laws of Thoughts」と呼んでいた．それが後になって**ブール代数**（Boolean algebra）と呼ばれるようになったのである．多くの数学は，「数え上げるための数字」を原点として，さまざまな方向に発展してきた．ところがブール代数は数え上げの概念を持たない．用いる数字は真理値を表すための 0 と 1 だけである．そしてこの数を操作する演算として，四則演算の代わりに，人の思考の過程を表すのに適した論理演算を用いた．以下にこのブール代数の性質をまとめておく．

ブール代数では，数の集合 $S = \{0, 1\}$ を対象として，この集合に属する数に対する**単項演算**（monadic operation）NOT と**二項演算**（binomial operation）AND および OR を定義している．これらの演算は S に属する数 x, y について以下の性質を満たす必要がある．難しい名称であるが，数学的には下記の性質を満たす代数系を「**補元を持つ分配束**（distributive lattice with complementary element）」と呼ぶ．後に別の性質を持った代数系として，**有限体**（finite field）が出てくるので下記の性質と比較してみると面白い．

(a) NOT, AND, OR について閉じている：数の集合 S において単項演算 NOT と二項演算 AND と OR が定義され，任意の S の元 x, y について，x の NOT（本書では $\bar{x}$ と表す），x と y の AND（本書では $x \cdot y$ あるいはドットを略して xy と表す），x と y の OR（本書では $x \vee y$ と表す）はいずれも S の元になる．

(b) **結合律**（associative law）：

$$\begin{aligned}(x \vee y) \vee z &= x \vee (y \vee z)\\ (x \cdot y) \cdot z &= x \cdot (y \cdot z)\end{aligned} \tag{1.1}$$

(c) **交換律**（commutative law）：

$$\begin{aligned}x \vee y &= y \vee x\\ x \cdot y &= y \cdot x\end{aligned} \tag{1.2}$$

(d)　**分配律**（distributive law）：

$$x \vee (y \cdot z) = (x \vee y) \cdot (x \vee z)$$
$$x \cdot (y \vee z) = (x \cdot y) \vee (x \cdot z) \tag{1.3}$$

(e)　**べき等律**（idempotent law）：

$$x \vee x = x$$
$$x \cdot x = x \tag{1.4}$$

(f)　**吸収律**（absorption law）：

$$x \vee (x \cdot y) = x$$
$$x \cdot (x \vee y) = x \tag{1.5}$$

(g)　**相補律**（complementary law）：

$$x \vee \bar{x} = 1$$
$$x \cdot \bar{x} = 0 \tag{1.6}$$

ここで $\bar{x}$ を x の補元と呼ぶ．NOT とは実は補元を与える単項演算のことである．

(h)　単位元と零元：S に次の単位元 1 と零元 0 がそれぞれ一意に存在し，S の任意の元 x に対して，次式が成り立つ．

$$x \vee 1 = 1$$
$$x \cdot 0 = 0 \tag{1.7}$$

上記には例えばよく使う次の関係が含まれていないが，この関係は (a)〜(h) から導くことができる．各自，次の関係が成り立つことを証明してみよ．

$$x \vee 0 = x$$
$$x \cdot 1 = x \tag{1.8}$$

【証明】 (d) は任意の y について成り立つので $y = 0$ とすると $x \vee (x \cdot 0) = x$ となる．ここで (h) を使うと $x \vee 0 = x$ が得られる．$x \cdot 1 = x$ も同様に証明できる．

他の関係式もすべて (a)〜(h) から導かれるので，(a)〜(h) が論理回路によるあらゆる情報処理の基本になっていると言える．■

1.6　ブール代数 vs 有限体 $GF(2)$

数字の生まれた背景には「数え上げ」という人々の生活に欠かすことのできない必要性があった．したがって，数は，まず数え上げに必要な自然数から始まり，0と負の数を含めて整数，分数を含めて有理数，そして無理数を含めて実数へと次第に大きな集合に拡張されてきた．これらの数の集合のうちで例えば実数の集合は，この後すぐに示す所定の性質を備えているので「**体**（field）」（より正確には「**可換体**（commutative field）」）と呼ばれる．

有限体（finite field）は，こうした拡張とは逆の方向に整数の集合を縮小したもので，有限個の数の集合で「体」の性質を備えているもののことある．最も小さな有限体は0と1の2つの要素（数）だけからなり，「2を法とする有限体」あるいは**ガロア体**（Galois field）$GF(2)$と呼ばれる．「G」は数学者ガロア（E. Galois），「F」は体の英名「Field」の頭文字であり，2を法としていることを(2)を付けて示す．$GF(2)$は2個の数しか持たないが，ブール代数と異なり数え上げの概念を備え，数え上げの基本となる四則演算も備える．$GF(2)$の四則演算では，通常の整数の四則演算と同様に計算した結果が，もしも0と1以外になったら，それを2で割った時の余りを演算結果とすることで，演算結果が0と1のいずれかになるようにしている．

対象とする数の集合は$GF(2)$もブール代数も同じであるが，使用される演算など数学の体系は大きく異なる．$GF(2)$の演算体系は，慣れ親しんでいる実数の演算体系と同様に，加減乗除算の四則演算からなり，整数や実数と同じ感覚で数の操作ができる．一方，ブール代数の演算体系を備えた数の集合は「束」（より正確には「補元を持つ分配束」）と呼ばれており，その演算体系は，ブールが当初「思考の法則（Laws of Thoughts）」と呼んだように，人の思考過程，すなわち論理的な情報の操作の記述に適している．

したがって，同じ0と1の数の集合を扱う応用でも，数値的な処理が中心となるディジタル信号処理や暗号理論には$GF(2)$が適し，また真偽値に関する論理的な情報処理が中心となる論理回路では，論理の命題や証明，推論が，AND，OR，NOTで組み立てられるため，これらを基本演算とするブール代数の体系が適する．ただし，数学的には，有限体の方がブール代数よりも奥深い内容を備えていると言えよう．

以上に述べた「体」の性質を以下に整理して示すので，今後必要に応じて参照して欲しい．なお以下の(c)で乗法について交換律が成り立つ場合には，厳密には可換体というが本書では，可換体も単に体と呼ぶことにする．

(a) **加法**（additive operation）と**乗法**（multiplication operation）について**閉じている**（closed）：数の集合 S において 2 種の演算，加法 $+$ と乗法 $*$ が定義され，任意の S の元 x, y について，加法と乗法の結果，すなわち $x+y$ と $x*y$ が S の元になる．

(b) **結合律**（associative law）：S の元 x, y, z に対して次の結合律が成り立つ．

$$\begin{aligned}(x+y)+z &= x+(y+z)\\(x*y)*z &= x*(y*z)\end{aligned} \tag{1.9}$$

(c) **交換律**（commutative law）：S の元 x, y, z に対して次の交換律が成り立つ．

$$\begin{aligned}x+y &= y+x\\x*y &= y*x\end{aligned} \tag{1.10}$$

(d) **分配律**（distributive law）：S の元 x, y, z に対して次の分配律が成り立つ．

$$x*(y+z) = x*y+x*z \tag{1.11}$$

(e) 加法と乗法の**単位元**（unit element）：S に次の**加法単位元**（unit element for addition）（**零元**（zero element））0 と**乗法単位元**（unit element for multiplication）1 がそれぞれ一意に存在し，S の任意の元 x に対して，次式が成り立つ．

$$\begin{aligned}x+0 &= x\\x*1 &= x\end{aligned} \tag{1.12}$$

(f) 加法と乗法の**逆元**（inverse element）：S の任意の元 x に対して，$x+y=0$ を満たす y が S に唯一存在する．この y を**加法逆元**（inverse element for addition）と呼び $-x$ と表す．また S の 0 以外の任意の元 x に対して，$x*y=1$ を満たす y が S に唯一存在する．この y を**乗法逆元**（inverse element for multiplication）と呼び x^{-1} と表す．

具体的には，$GF(2)$ の演算は，上記の性質を満たすように表 1.1 のように定められている．除算は乗法逆元との乗算を行うことに対応し，/ で表すが，0 で割る場合の値は定義されていない．

表 1.1 を見ると，$GF(2)$ の加算と乗算はそれぞれブール代数の EXOR と AND に対応していることがわかる．また注意して頂きたいのは，分配律がブール代

表 1.1 $GF(2)$ の加減乗除算の真理値表

x	y	$x+y$	$x-y$	$x \cdot y$	x/y
0	0	0	0	0	—
0	1	1	1	0	0
1	0	1	1	0	—
1	1	0	0	1	1

数では，AND と OR に関して対称に 2 つの式が対になって成り立っているのに，$GF(2)$ では非対称に一方についてしか成り立たないということである．このことが後に述べるように，しばしば混乱を引き起こし，式変形に失敗する原因になるので注意して頂きたい．

有限体 $GF(2)$ の応用

有限体 $GF(2)$ は，誤り訂正符号を設計する際に良く使われる．良く知られている誤り訂正符号の中に，線形符号と呼ばれるものがある．これは $GF(2)$ の加算と乗算で行列演算を行うようにしたときに，例えば，次のパリティチェック行列

$$H = \begin{pmatrix} 1 & 0 & 1 & 1 \\ 0 & 1 & 0 & 1 \end{pmatrix}$$

に対して，

$$(x_1 \; x_2 \; x_3 \; x_4) \cdot H^T = (0 \; 0)$$

を満たす $(x_1 \; x_2 \; x_3 \; x_4)$ を符号語として用いるようにした誤り訂正符号のことである．具体的には，上式を満たす符号語は次の 4 種類となる．

$$(0\;0\;0\;0),\ (1\;1\;0\;1),\ (1\;0\;1\;0),\ (0\;1\;1\;1)$$

この 4 つの符号語間の最小ハミング距離は 2 である．したがって，この 4 つの符号語だけを使って情報を伝送するようにすると，符号語の 1 ビットだけに誤りが生じたときに，それは他の符号語と混同してしまうことがないので，その誤りが生じたことを検出できるようになる．具体的には，受信した符号語に，$GF(2)$ の演算でパリティチェック行列をかけて，結果が 0 にならなければ誤りが生じていることが言える．

1.7 論理式と論理関数：ドントケアの扱い

0 または 1 の値を取る変数を「**論理変数**（logic variable）」あるいは「**二値変数**（binary variable）」と呼ぶ．二値変数は，x, y, z あるいは添え字を使って $x_1, x_2, x_3, \cdots$ のように表す．添え字は，大きな数字から順に左から並べて x_3, x_2, x_1 のように**降順**（descending order）で記すことにする．これは数字を二進数で表す時に左側に大きな桁を記載する慣例に倣ったものである．すなわち 3 桁目の数字を x_3，2 桁目の数字を x_2，1 桁目の数字を x_1 とすると，3 桁の数字は $x_3\ x_2\ x_1$ のように記すのが数字表現の基本であるので，その規則に倣って添え字の数字が大きい方を左側に記す．しかしながら，教科書によっては，読者が慣れ親しんでいる記法の方がよいと考え，添え字を右にいくにつれて次第に大きくする**昇順**（ascending order）の記法を使っている場合もある．慣れるまでは戸惑うかもしれないが，論理回路を二進数の処理に応用する場合には，降順の方が便利であるので，本書では降順を標準とする．

さて，**論理式**（logical expression）とは，論理変数を基本論理演算で関連付けて得られる式のことである．式中の演算の実行順序に注意する必要があるが，式の中に括弧が含まれている場合には，内側の括弧から先に演算を行うことになる．また，括弧がない場合には，暗黙的に以下に述べる演算の優先順位を考慮した上で，左側から順番に演算を実行する．演算の順番に曖昧性が感じられる場合には，できるだけ括弧を使って演算の実行順序を明示した方がよい．

演算の優先実行順位：

優先順位が高い ←		→ 優先順位が低い
(1) NOT	(2) AND	(3) OR または EXOR

OR と EXOR は同時に使われることが少ないので，優先順位が定義されていないが，同時に使う場合には，括弧を使って優先順位を示す必要がある．また二項演算中で AND の優先順位が最も高いことから，AND の演算記号を省略しても混乱は生じない．そこで本書では，AND の演算記号「·」を省いて「$x \cdot y$」を「xy」と書く場合がある．

論理式に使われる二値変数は特に制限がない限り，0 と 1 のいずれかの値を取るので，N 個の変数からなる論理式は 2^N 通りの変数の値の組合せに対して，式の値を定めることになる．

一般に，N 個の二値変数 $x_N, x_{N-1}, \cdots x_1$ の値の 2^N 通りの組合せに対して，y の値として 0 または 1 の値を定める関数：$y = F(x_N, x_{N-1}, \cdots x_1)$ を $\boldsymbol{N}$ **変**

表 1.2 3 変数論理関数 $F(x,y,z)$ を定義する真理値表

x	y	z	$F(x,y,z)$
0	0	0	0
0	0	1	1
0	1	0	1
0	1	1	0
1	0	0	0
1	0	1	1
1	1	0	1
1	1	1	0

数論理関数（logical function with N variables）と呼ぶ．任意の N 変数論理関数は，3 変数の場合を例とする表 1.2 に示すような**真理値表**（truth table）を用いて，2^N 通りの N 個の変数 $x_N, x_{N-1}, \cdots x_1$ の値の組合せの 1 つ 1 つに対して，関数値を定義することによって表すことができる．また上述した論理式を用いると，論理関数を具体的な式によって表すことができる．実は，後述するように，任意の論理関数は変数を基本論理演算で関連付けた論理式で表すことができるのである．さらにその論理式を論理回路として実現すると，N 個の変数 $x_N, x_{N-1}, \cdots x_1$ はその回路への入力，y は回路の出力となるので，今後，論理関数においても，変数 $x_N, x_{N-1}, \cdots x_1$ を入力変数，y を出力変数と呼ぶことにする．

さてここで，後々論理回路の簡単化に重要な役割をする**ドントケア**（don't care）の概念を詳しく説明しておこう．場面によっては，この「ドントケア」のことを「**不完全定義**（incompletely specified）」と呼ぶ場合もあるが，意味的には「ドントケア」すなわち日本語で「気にしない」の方が的確なので，通常は「ドントケア」として議論を通すことにする．

入力変数の値の組合せは，2^N 通りあるが，これは N が大きくなると爆発的に増大する．そのため多くの応用では，2^N 通りのすべての入力変数の値の組を使うことがなく，その一部しか出現しない．その場合，論理関数はこの一部の出現する入力に対してのみ，正しく出力を与えればよいのであり，出現し得ない入力に対して出力はどうなってもよい．注意するべきことは，出現し得ない入力に対しては出力を「定義しない」のではなく，「値がどうなろうと気にしない」という立場を取ることである．そして「値がどうなってもよい」ことを積極

表 1.3　3 変数論理関数 $F(x,y,z)$ を定義する真理値表．
$*$ はドントケアを示す．

x	y	z	$F(x,y,z)$
0	0	0	0
0	0	1	$*$
0	1	0	1
0	1	1	$*$
1	0	0	0
1	0	1	$*$
1	1	0	1
1	1	1	$*$

的に論理回路の簡単化に活用すること，すなわち 0 でも 1 でもどちらでもよいならば，回路が簡単となる方の値を採用しようという発想を持つことが重要である．どうせ現れることがない入力に対しては，出力を勝手に決めても応用上支障がないのである．このような立場を取ると「出力が定義されていない」と消極的に捉えて終わらせてしまうのではなく，「値を気にせずに都合のよい方にしてしまおう」という前向きな姿勢でドントケアを活用することで，回路の簡単化という利益が得られるのである．

ドントケアは表 1.3 に示すように出力の値がどうなってもよい入力変数の組合せの欄に $*$（アステリスクと読む）を入れて表す．$*$ の記号はキーワード検索などにおいて，従来からワイルドカード（トランプのジョーカーのようにどのようなカードにも代替できるカード）として使われてきたので，この記号を 0 と 1 のどちらに定めてもよいという意味に用いるのは自然である．

1.8 双対性：覚える公式が半分で済む

ここまでに出てきた各種の論理式の恒等式（左辺と右辺が常に等しくなる式を恒等式と呼ぶ）は，すべて 2 つが対となって記載されてきた．そしてその対は，AND と OR を入れ替え，また定数 0 や 1 がある場合には，それらについても 0 と 1 を入れ替えた式となっている．例えば，分配律を表す式 (1.13) では，

$$
\begin{aligned}
x \vee (y \cdot z) &= (x \vee y) \cdot (x \vee z) \\
x \cdot (y \vee z) &= (x \cdot y) \vee (x \cdot z)
\end{aligned}
\tag{1.13}
$$

のように 2 つの式が対となって記載されているが，上式の AND を OR に，また OR を AND にしたものが下式になっている．また相補律を表す式 (1.14) では，

$$
\begin{aligned}
x \vee \bar{x} &= 1 \\
x \cdot \bar{x} &= 0
\end{aligned}
\tag{1.14}
$$

のように上式の定数 1 を 0 にして，OR を AND に替えたものが下式になっている．

すなわち NOT，AND，OR からなるある論理式が恒等式として成立しているときには，その式中の AND と OR を入れ替え，また定数 0 と 1 も入れ替えてできる式も恒等式となることが予想される．この予想は，次に示すド・モルガンの定理の拡張である定理 1 を使うと簡単に証明できる．またこのように 2 つの恒等式が対となって成り立つことを**双対性**（duality）と呼ぶ．双対性を使えば，覚えるべき公式が半分で済むようになるので大変便利である．

定理 1.1（ド・モルガンの定理）

$$
\begin{aligned}
\overline{x \vee y} &= \bar{x} \cdot \bar{y} \\
\overline{x \cdot y} &= \bar{x} \vee \bar{y}
\end{aligned}
\tag{1.15}
$$

この**ド・モルガンの定理**（De Morgan's theorem）は，$F(x, y) = x \vee y$，$F(x, y)$ の OR を AND に置き換えたものを $G(x, y) = x \cdot y$ とすると $\overline{F(\bar{x}, \bar{y})} = \bar{\bar{x}} \cdot \bar{\bar{y}} = x \cdot y = G(x, y)$ あるいは $\overline{G(\bar{x}, \bar{y})} = F(x, y)$ のようにも書けるので，次の定理 1.2 の特殊な場合になっていることがわかる．

定理 1.2（ド・モルガンの定理の拡張）

NOT，AND，OR からなる N 変数の論理式 $F(x_N, x_{N-1}, \cdots x_1)$ に対して，$\overline{F(\bar{x}_N, \bar{x}_{N-1}, \cdots \bar{x}_1)}$ を作るとこれは元の論理式の AND と OR，および定数 0 と 1 を入れ替えたものになっている．

【証明】 NOT，AND，OR からなる N 変数の論理式 $F(x_N, x_{N-1}, \cdots x_1)$ は，NOT，AND，OR からなる N 変数の論理式である $F_a(x_N, x_{N-1}, \cdots x_1)$ と $F_b(x_N, x_{N-1}, \cdots x_1)$ を使って次のいずれかの形式で表される．

$$\begin{aligned} F(x_N, x_{N-1}, \cdots x_1) &= F_a(x_N, x_{N-1}, \cdots x_1) \cdot F_b(x_N, x_{N-1}, \cdots x_1) \\ F(x_N, x_{N-1}, \cdots x_1) &= F_a(x_N, x_{N-1}, \cdots x_1) \vee F_b(x_N, x_{N-1}, \cdots x_1) \end{aligned} \tag{1.16}$$

これにド・モルガンの定理を適用すると上式中の AND と OR は入れ替わる．次は $F_a(x_N, x_{N-1}, \cdots x_1)$ と $F_b(x_N, x_{N-1}, \cdots x_1)$ に同様の議論を再帰的に適用し，ド・モルガンの定理の順次適用していくと，次々と AND と OR が入れ替わっていく．途中で定数があれば，0 と 1 が入れ替わる． ■

定理 1.2 を使うと，次のように双対性を証明できる．

【双対性の証明】 項等式 $F(x_N, x_{N-1}, \cdots x_1) = G(x_N, x_{N-1}, \cdots x_1)$ が成り立っているならば両辺の全体の NOT，と各変数の NOT を取った $\overline{F(\bar{x}_N, \bar{x}_{N-1}, \cdots \bar{x}_1)} = \overline{G(\bar{x}_N, \bar{x}_{N-1}, \cdots \bar{x}_1)}$ も恒等式となる．定理 1.2 よりこの式は元の恒等式の AND と OR，および定数 0 と 1 を入れ替えたものになっているので双対性が証明できたことになる． ■

1.9　論理関数の包含関係

包含関係 (inclusion relation) は，論理式を変形したり，簡単化したりする場合に頻繁に使う，極めて重要な関係である．論理式を変形する際には，式中の項のどれとどれが包含関係にあるのか，一目で気が付くことが必要である．そのために包含関係を完璧に身につけて，無意識的に使えるくらいに習熟して欲しい．

「包含関係」という言葉は，数学では「集合の包含関係」として既に聞いたことがある読者が多いのではないだろうか．論理関数の包含関係を集合の包含関係と関連付けて説明すると次のようになる．論理関数 F の値を 1 とする入力変数の値の組の集合を A，論理関数 G の値を 1 とする入力変数の値の組の集合を B とするときに，図 1.12 の (a) に示すように集合 A が集合 B を包含するときに，論理関数 F は論理関数 G を包含するといい，$G \leq F$ という記号で表す．この記号は形としては数の**大小関係** (magnitude relation) を表す不等号の記号と同じである．しかしながら，整数や実数の場合と異なり，ブール代数の世界では，数が大きいとか，小さいとかいった，大小関係の概念はない．したがって，本来であれば「大小」という言葉を使うべきではない．ただし，真理値について 1 が 0 よりも大きいと仮に解釈すれば，論理関数 F が論理関数 G を包含する場合には，どのような入力変数の値の組に対しても F の値は G の値と等しいか大きくなる．そこで不等号と同じ記号が用いられており，本書の今後の議論でも形式的には「包含関係」を「大小関係」のように扱う場合がある．しかしながら，「大小関係」はどのような数の間にも存在し，どの 2 つの数の間にも「大きい」か「小さい」か「同じ」のいずれかの関係が必ず存在するのに対して，「包含関係」は関係そのものが存在しない場合があるので注意を要する．例えば図 1.12 の (b) や (c) のように集合 A と B が交差しているだけの場合や，交差さえもせずに分離している場合には，集合間に包含関係が存在しないので，対応する論理関数 F と G の間にも包含関係は存在しない．

論理関数の包含関係は，論理関数の真理値表から容易に確認できる．例えば，論理関数 $F(x, y, z)$ と論理関数 $G(x, y, z)$ の真理値表を表 1.4 に示す．関数値が 1 となっている入力の集合を両関数で比較すると，F が 1 となる入力変数の値の組の集合は，$\{(0,0,0),(0,1,0),(1,0,1),(1,1,1)\}$，$G$ が 1 となる入力変数の値の組の集合は，$\{(0,1,0),(1,0,1)\}$，であり，前者の集合が後者の集合を含んでいるので F が G を包含していることがわかる．つまり表の中で F が 1 となっているところの一部だけで G が 1 となっていることが確認できればよいのである．

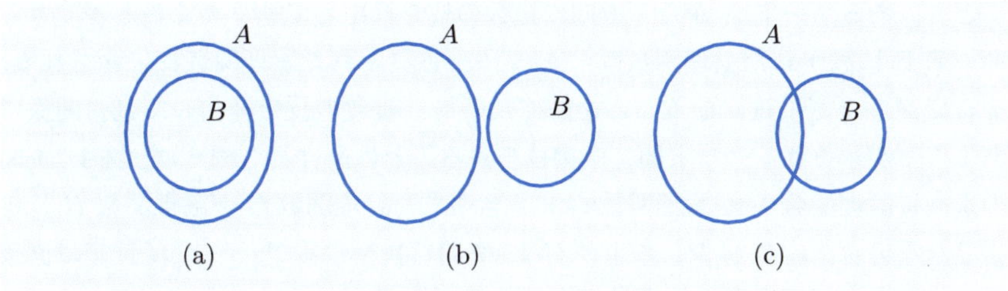

図 1.12　論理関数 F と G の包含関係とそれぞれの関数の値を 1 とする入力変数値の値の組の集合 A と B の包含関係

なお 2 つの関数の変数の数が一致しない場合，例えば，論理関数 $F(x,y)$ と論理関数 $G(x,y,z)$ の包含関係を判断する場合には，$F(x,y)$ を z の値に依存しない関数 $F(x,y,z)$ と考え，真理値表には，$F(x,y,0) = F(x,y,1) = F(x,y)$ として関数値を書き込んだ上で上記の方法で包含関係を判定すればよい．

表 1.4　3 変数論理関数 $F(x,y,z)$ と $G(x,y,z)$ の包含関係を示す真理値表

x	y	z	$F(x,y,z)$	$G(x,y,z)$
0	0	0	1	0
0	0	1	0	0
0	1	0	1	1
0	1	1	0	0
1	0	0	0	0
1	0	1	1	1
1	1	0	0	0
1	1	1	1	0

整数や実数の大小関係については，a が b よりも小さく，b が c よりも小さければ，a が c よりも小さいことが言える．式で表せば，$a \leq b$ かつ $b \leq c$ ならば $a \leq c$ となる．このことを「**推移律**（transitivity）が成り立つ」という．この推移律は，論理関数の包含関係についても成り立つ．すなわち，論理関数 F が論理関数 G に包含され，論理関数 G が論理関数 H に包含されるならば，論理関数 F は論理関数 H に包含されることが言える．このことを式で表すと次のようになる．

$$F \leq G \text{ かつ } G \leq H \text{ ならば } F \leq H \tag{1.17}$$

例えば，$C \leq A, D \leq A, B \leq C, B \leq D$ の包含関係は，図 1.13(a) に示すようにグラフで表現することができる．このグラフでは論理関数をノードに置き，包含関係にある論理関数が置かれたノード間に枝を張る．この際に包含される論理関数が包含する論理関数よりも下に来るようにノードを配置する．上述したように包含関係には推移律が成り立つから，1 つの枝で直接接続されていな

くとも，あるノードAから下方向に複数の枝を経由して辿りつくことができるノードBに置かれた論理関数は，ノードAに置かれた論理関数に包含される．そこでグラフが煩雑になることを防ぐために，複数の枝を経由して包含関係にあることが示されるノード間に直接枝を張ることは避ける．例えば，図1.13(b)のように論理関数 F が論理関数 G に包含され，論理関数 G が論理関数 H に包含される場合，F と G 間，および G と H 間に枝を張るが，F と H 間には直接枝を張らない．このグラフを見て，F と H 間に直接枝がなくとも，F と G 間，および G と H 間に枝があることから，F と H 間に包含関係があることに気が付かなければならない．

論理関数 F, G の間に $F \leq G$ の包含関係がある場合，G が0のときには F も必ず0でなければならない．G が1のときには F は0でも1でもよい．また逆に G が0のときに F も必ず0になるならば，$F \leq G$ の包含関係が成立する．したがって，「$F \leq G$ の包含関係」と「G が0のときに F も必ず0になる」ことは同値である．また「G が0のときに F も必ず0になる」ことは次の論理式で表すことができる．$\overline{F} \vee G = 1$（この両辺の否定を取った $F\overline{G} = 0$ でもよい）．以上より，包含関係は，次のようにNOT, AND, ORの論理演算で表すことができる．

定理 1.3

論理関数 F, G の間に $F \leq G$ の包含関係があることと次のいずれかの論理式が成り立つことは同値である．

$$\overline{F} \vee G = 1 \tag{1.18}$$

$$F\overline{G} = 0 \tag{1.19}$$

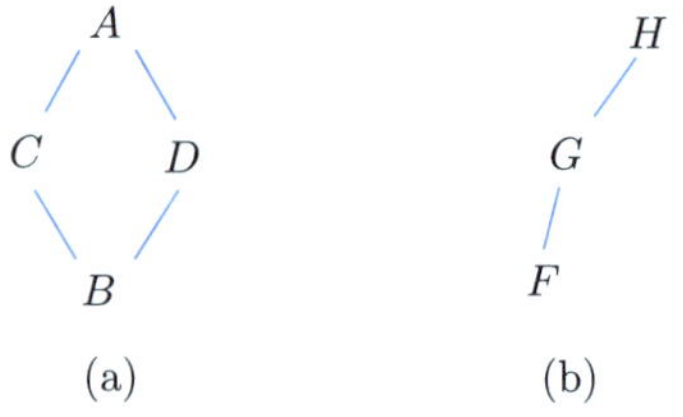

図 1.13 論理関数の包含関係のグラフによる表現

例題 1.1

(1) 次の論理式の間の包含関係をグラフで示せ．

$$x\bar{y} \vee z, \quad x \oplus y \oplus z, \quad (x \oplus \bar{y}) \vee \bar{z}, \quad x(y \oplus z),$$
$$x\bar{y} \vee \bar{x}z, \quad x \vee y \vee z, \quad x \vee y$$

(2) 次の包含関係と等価な論理式を NOT 演算，AND 演算，OR 演算だけを用いて表せ．

$$x\bar{y} \leq \bar{x}z$$

【解答】 (1) 各論理式について真理値表を次のように作ると包含関係がわかりやすい．

x	y	z	$x\bar{y} \vee z$	$x \oplus y \oplus z$	$(x \oplus \bar{y}) \vee \bar{z}$	$x(y \oplus z)$	$x\bar{y} \vee \bar{x}z$	$x \vee y \vee z$	$x \vee y$
0	0	0	0	0	1	0	0	0	0
0	0	1	1	1	1	0	1	1	0
0	1	0	0	1	1	0	0	1	1
0	1	1	1	0	0	0	1	1	1
1	0	0	1	1	1	0	1	1	1
1	0	1	1	0	0	1	1	1	1
1	1	0	0	0	1	1	0	1	1
1	1	1	1	1	1	0	0	1	1

包含関係をグラフにすると図 1.14 のようになる．

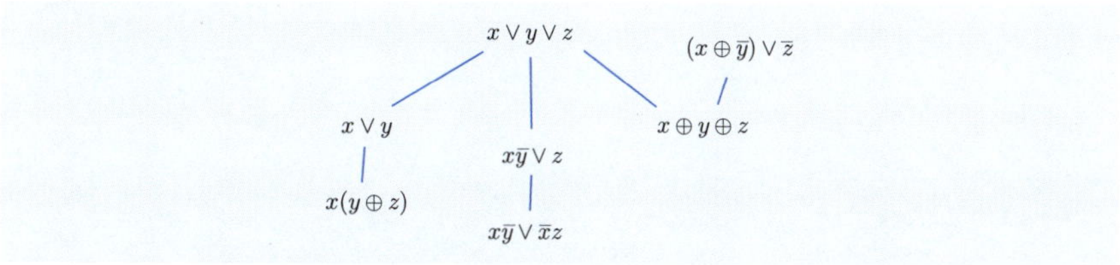

図 1.14 例題の論理関数の包含関係のグラフによる表現

(2) 式 (1.19) から，$x\bar{y} \leq \bar{x}z$ の包含関係は，次の論理式で表すことができる．

$$\bar{x}z \vee \overline{x\bar{y}} = 1$$

これを変形して簡単化すると次式が得られ，これが元の包含関係を NOT，AND，OR で表す式となる．

$$\bar{x} \vee y = 1$$

1 章の問題

□**1** （包含関係） 次の各論理式の間に存在する包含関係を示せ．なお，包含関係は樹系図（各論理式をノードとし，包含関係が存在する論理式間に枝を張り，包含する側の論理式を包含される側の論理式よりも上側のノードに配置した樹状のグラフ）で示せ．

$$x\bar{y} \vee z, \quad x \oplus y \oplus z, \quad (x \oplus \bar{y}) \vee \bar{z}, \quad x(y \oplus z), \quad x\bar{y} \vee \bar{x}z, \quad x \vee y \vee z, \quad x \vee y$$

□**2** （式変形） 次の各論理式が成り立つことを示せ．

- $\overline{x\bar{y} \vee \bar{y}\bar{z} \vee \bar{x}yz} = xy \vee y\bar{z} \vee \bar{x}\bar{y}z$
- $(x \oplus y) \vee \bar{x}\bar{y}\bar{z} \geq \bar{x}\bar{y}$
- $F(x_1, y, z) \oplus F(x_2, y, z) = (x_1 \oplus x_2)(F(1, y, z) \oplus F(0, y, z))$

第2章

論理関数の表現と変形

論理回路，及び論理関数には，標準的な表現形式がある．本章ではそれらの表現方法と，論理関数ならびに論理式の変形方法，特に変数の依存関係を整理する方法を学ぶ．

2.1 極小，極大の論理関数

有限個の整数の集合があるときに，整数の大小関係はどの数の間にも存在しているから，2つの整数を比較しながら小さい方を選んでいけば，最後にその集合の中で最小の数を見つけ出すことができる．一方，包含関係はどの論理関数の間にも存在するわけではない．「包含される」ことを形式的に「小さい」というと先にいったが，ある論理関数の集合があるときに，その集合の中で，他のどの論理関数にも包含されるという意味で最小の論理関数を見つけようとしても，集合の中に包含関係が存在しない2つの論理関数がある場合，それらの論理関数の間では，どちらが包含されるか，どちらが小さいか判断しようがないので，最小の論理関数を見つけようがない．

そのような場合には，まず，元の論理関数の集合（これを以後，全集合と呼ぶ）から包含関係が存在する論理関数だけを選んで部分集合を作る．またこの部分集合には，その中のどの2つの論理関数の間にも包含関係が存在するようにしながら，できる限り多くの論理関数を取り込んで，部分集合のサイズを最大にする．こうして構成した部分集合の範囲内では，どの論理関数の間にも包含関係が存在するので，他のどの論理関数にも包含される論理関数，すなわちその部分集合において最小の論理関数を見つけることができる．この論理関数は，部分集合の中では「最小」であるが，全集合の中で見ると，包含関係が存在し，大小を比較できる限られた範囲の中での最小に過ぎないので，そのような状況を意味する「**極小**（local minimum）」という言葉を使い，「極小の論理関数」と呼ばれる．部分集合の中では「最小」であっても全集合の中では「極小」としか言えないのである．同様に，どの論理関数の間にも包含関係が存在するようにしながら，できるだけ大きなサイズの部分集合を構成すれば，その部分集合の中で最大の論理関数は全集合の中では「**極大**（local maximum）の論理関数」と呼ばれる．

論理関数の集合が与えられたときに，集合に属する論理関数をノードとして，包含関係をグラフで表すと，極小あるいは極大となっている論理関数を簡単に見つけることができる．例えば，3つの入力変数 x, y, z の論理関数の集合 S として，論理式の集合 $S = \{x, y, z, \bar{x}, xy, yz, xy\bar{z}, \bar{x}yz, x \vee y, \bar{x} \vee z, y \vee x\bar{z}\}$ を考えてみよう．S の包含関係をグラフで表すと図2.1のようになる．

このグラフを見て，その中のどの2つの論理関数の間にも包含関係が存在するように部分集合を選ぶと下記に示すように S_1, S_2, S_3, S_4, S_5 が得られ，それ

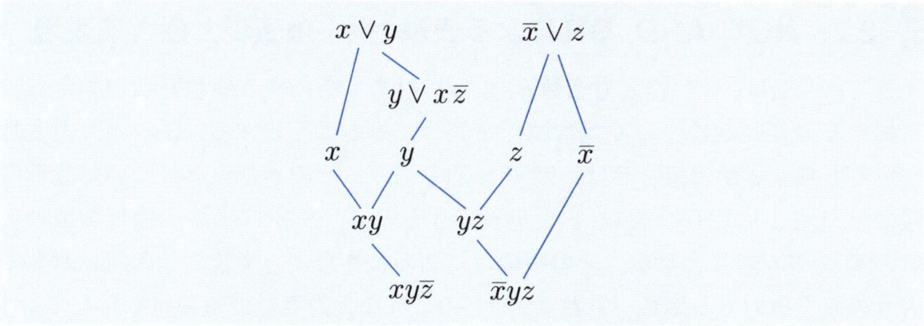

図 2.1　論理式の間の包含関係のグラフ表現

ぞれの部分集合の中に次のように極小と極大の論理関数を見出すことができる．

$S_1 = \{x \vee y, x, xy, xy\bar{z}\}$	極小論理関数：$xy\bar{z}$	極大論理関数：$x \vee y$
$S_2 = \{x \vee y, y \vee x\bar{z}, y, xy, xy\bar{z}\}$	極小論理関数：$xy\bar{z}$	極大論理関数：$x \vee y$
$S_3 = \{x \vee y, y \vee x\bar{z}, y, yz, \bar{x}yz\}$	極小論理関数：$\bar{x}yz$	極大論理関数：$x \vee y$
$S_4 = \{\bar{x} \vee z, z, yz, \bar{x}yz\}$	極小論理関数：$\bar{x}yz$	極大論理関数：$\bar{x} \vee z$
$S_5 = \{\bar{x} \vee z, \bar{x}, \bar{x}yz\}$	極小論理関数：$\bar{x}yz$	極大論理関数：$\bar{x} \vee z$

2.2 NOT, AND, ORによる表現：極小項表現と極大項表現

さて，今度は，3つの入力変数 x, y, z に対するあらゆる論理関数の集合 S_{all} に属する論理関数について包含関係を調べてみることにする．3つの入力変数が取るあらゆる値の組合せは，$2^3 = 8$ 通りあり，そのそれぞれについて論理関数の出力値として 0 または 1 を定義できるので，S_{all} に属する論理関数の数は，$2^8 = 256$ 通りとなる．その中には，どのような入力変数の値の組に対しても 0 の値を出力する関数（定数 0）やどのような入力変数の値の組に対しても 1 の値を出力する関数（定数 1）も含まれており，これらも一種の論理関数と見なすことができる．見掛け上は定数で x, y, z に依存していなくとも，x, y, z に対する関数と呼ぶので注意が必要である．そうすると，全集合 S_{all} において，0 は最小，（どの論理関数にも包含される），1 は最大（どの論理関数も包含する）の論理関数となる．

次に，これらの定数 0 と 1 を除外した残りの集合，S_{all}^- には最小，最大の論理関数は存在せず，極小，極大の論理関数しか存在しない．S_{all} には，全部で $2^8 - 2 = 254$ 個の関数が存在するが，その中で定数 0 に準じて小さいのは，$2^3 = 8$ 個の入力変数の値の組合せの中で，特定の 1 つに対してのみ 1 の値を取り，残りの 7 つに対しては 0 の値を取る関数である．具体的には，例えば $(x, y, z) = (1, 0, 0)$ の入力変数の値の組合せに対してだけ 1 を出力する関数は次式のように書ける．

$$F(x, y, z) = x\bar{y}\bar{z} \tag{2.1}$$

このように入力変数またはその否定型 AND でつないだ形式の論理式（これを本書では **NOT-AND 項**（NOT-AND term）と呼ぶ）は，入力変数の値の特定の組合せに対してだけ 1 の値を取り，それ以外の組合せに対しては 0 の値を取る．そしてこの関数はその特定の入力変数値の組合せについて 1 の値を取るあらゆる論理関数に包含されるので，そのような論理関数の部分集合において最小であり，その部分集合もそれ以上大きくしようがない最大の集合であるので，この論理関数は，S_{all}^- における極小論理関数である．この 0 に準じて小さい極小論理関数は，**極小項**（minterm）と呼ばれ，8 通りの入力変数値の組のどれに対して 1 の値を出力するのかに応じて 8 個存在する．

今度は 1 に準じて大きな論理関数について考えてみよう．定数 1 はどのような入力変数値の組合せについても常に 1 の値を出力するが，特定の 1 つの入力変数値の組合せについて 0 の値を取り，それ以外の 7 通りの入力変数値

の組合せについて 1 の値を取る関数が，1 に準じて大きな関数である．例えば $(x, y, z) = (1, 0, 0)$ の入力変数の値の組合せに対してだけ 0 を出力する関数は次のようになる．$F(x, y, z) = \bar{x} \vee y \vee z$．このように肯定型の変数または NOT を取って否定型にした変数を OR でつないだ形式の論理式を本書では **NOT-OR 項**（NOT-OR term）と呼ぶ．この関数は $(x, y, z) = (1, 0, 0)$ に対して 0 の値を取るあらゆる論理関数を包含する．そのような論理関数の集合は，S_{all} 内で $F(x, y, z)$ と包含関係を持つ関数の最大部分集合となるので，この $F(x, y, z)$ は S_{all} の極大論理関数である．この 1 に準じて大きい極大論理関数は，**極大項**（maxterm）と呼ばれ，8 通りの入力変数値の組のどれに対して 0 の値を出力するのかに応じて 8 個存在する．

任意の論理関数は，次のようにして上記の極小論理関数（極小項）を OR でつないで表現することができる．この表現を**極小項表現**（minterm expression）と呼ぶ．また任意の論理関数は，上記の極大論理関数（極大項）を AND でつないで表現することもできる．この表現を**極大項表現**（maxterm expression）と呼ぶ．以下に極小項表現と極大項表現の作り方を整理しておく．

2.2.1 極小項表現

関数 $F(x_N, x_{N-1}, \cdots x_1)$ の極小項表現は，この関数が 1 の値を取る入力変数値の組合せのそれぞれについて，その入力変数値の組合せに対してだけ 1 の値を取る極小項を作り，その極小項を，関数が 1 の値を取る入力変数値の組合せのすべてについて OR でつないで構成する．

例えば，表 2.1 で定義される論理関数を極小項表現で表してみよう．

表 2.1 3 変数論理関数 $F(x, y, z)$ の真理値表と各入力変数値の組に対応する極小項

x	y	z	$F(x,y,z)$	極小項
0	0	0	0	$\bar{x}\bar{y}\bar{z}$
0	0	1	1	$\bar{x}\bar{y}z$
0	1	0	1	$\bar{x}y\bar{z}$
0	1	1	0	$\bar{x}yz$
1	0	0	0	$x\bar{y}\bar{z}$
1	0	1	1	$x\bar{y}z$
1	1	0	1	$xy\bar{z}$
1	1	1	0	xyz

(1) 表の中で関数値が1となる入力変数値の組合せに着目する．

(2) (1)で着目した入力変数値の組合せについて，0の値を取る変数はNOTを付けて否定型にし，1の値を取る変数はそのままの肯定型として，ANDでつないで極小項を作る．例えば，表2.1では入力変数の値の組001について関数値が1となっているので，この入力変数値の組に対応する極小項として$\bar{x}\bar{y}z$を作る．

(3) 表中で関数値が1となっているすべての入力変数値の組について，上記の方法で対応する極小項を作り，それらをORでつないで極小項表現を得る．その結果，次式が得られる．

$$F(x,y,z) = \bar{x}\bar{y}z \vee \bar{x}y\bar{z} \vee x\bar{y}z \vee xy\bar{z} \tag{2.2}$$

また一般の論理関数$F(x,y,z)$に対する極小項表現は次式のように表せる．

$$\begin{aligned} F(x,y,z) = {} & F(0,0,0)\bar{x}\bar{y}\bar{z} \vee F(1,0,0)x\bar{y}\bar{z} \\ & \vee F(0,1,0)\bar{x}y\bar{z} \vee F(1,1,0)xy\bar{z} \\ & \vee F(0,0,1)\bar{x}\bar{y}z \vee F(1,0,1)x\bar{y}z \\ & \vee F(0,1,1)\bar{x}yz \vee F(1,1,1)xyz \end{aligned} \tag{2.3}$$

上式では，関数値と極小項のANDが取られていることから，関数値が0となる入力変数値の組に対応する極小項は消えてしまい，関数値が1となる入力変数値の組に対応する極小項だけが残ってORでつなげられることになる．したがって，上記(1)〜(3)の手順で構成する場合と同じ結果が得られるのである．

以上では3変数の場合を例として説明したが，一般にN変数の論理関数$F(x_N, x_{N-1}, \cdots x_1)$についても，同様の方法で極小項表現が得られる．$N$変数の場合には，各入力変数$x_i$またはその否定$\bar{x}_i$を$i = N, N-1, \cdots 1$についてANDでつないで極小項ができる．そして関数値が1となる入力変数値の組合せのそれぞれに対して，その入力変数値の組合せに対してだけ1の値を取る極小項を選んで，ORでつなぐことによって，$F(x_N, x_{N-1}, \cdots x_1)$を表現できるのである．

2.2.2 極大項表現

関数$F(x_N, x_{N-1}, \cdots x_1)$の極大項表現は，この関数が0の値を取る入力変数値の組合せのそれぞれについて，その入力変数値の組合せに対してだけ0の値を取る極大項を作り，その極大項を関数が0の値を取る入力変数値の組合せの

表 2.2 3 変数論理関数 $F(x,y,z)$ の真理値表と各入力変数値の組に対応する極大項

x	y	z	$F(x,y,z)$	極大項
0	0	0	1	$x \vee y \vee z$
0	0	1	1	$x \vee y \vee \bar{z}$
0	1	0	0	$x \vee \bar{y} \vee z$
0	1	1	0	$x \vee \bar{y} \vee \bar{z}$
1	0	0	1	$\bar{x} \vee y \vee z$
1	0	1	0	$\bar{x} \vee y \vee \bar{z}$
1	1	0	1	$\bar{x} \vee \bar{y} \vee z$
1	1	1	0	$\bar{x} \vee \bar{y} \vee \bar{z}$

すべてについて AND でつないで構成する．

例えば，表 2.2 で定義される論理関数を極大項表現で表してみよう．

(1) 表の中で関数値が 0 となる入力変数値の組合せに着目する．

(2) (1) で着目した入力変数値の組合せについて，1 の値を取る変数は NOT を付けて否定型にし，0 の値を取る変数はそのままの肯定型として，OR でつないで極大項を作る．例えば，表 2.2 では入力変数の値の組 101 について関数値が 0 となっているので，この入力変数値の組に対応する極大項として $\bar{x} \vee y \vee \bar{z}$ を作る．

(3) 表中で関数値が 0 となっているすべての入力変数値の組について，上記の方法で対応する極大項を作り，それらを AND でつないで極大項表現を得る．その結果，次式が得られる．

$$F(x,y,z) = (x \vee \bar{y} \vee z)(x \vee \bar{y} \vee \bar{z})(\bar{x} \vee y \vee \bar{z})(\bar{x} \vee \bar{y} \vee \bar{z}) \tag{2.4}$$

また一般の論理関数 $F(x,y,z)$ に対する極大項表現は次式のように表せる．

$$\begin{aligned} F(x,y,z) = {} & \overline{F(0,0,0)}(x \vee y \vee z) \cdot \overline{F(1,0,0)}(\bar{x} \vee y \vee z) \\ & \cdot \overline{F(0,1,0)}(x \vee \bar{y} \vee z) \cdot \overline{F(1,1,0)}(\bar{x} \vee \bar{y} \vee z) \\ & \cdot \overline{F(0,0,1)}(x \vee y \vee \bar{z}) \cdot \overline{F(1,0,1)}(\bar{x} \vee y \vee \bar{z}) \\ & \cdot \overline{F(0,1,1)}(x \vee \bar{y} \vee \bar{z}) \cdot \overline{F(1,1,1)}(\bar{x} \vee \bar{y} \vee \bar{z}) \end{aligned} \tag{2.5}$$

上式では，関数値の NOT と極大項の AND が取られていることから，関数値が 1 となる入力変数値の組に対応する極大項は消えてしまい，関数値が 0 となる入力変数値の組に対応する極大項だけが残って AND でつなげられ

ることになる．したがって，上記 (1)〜(3) の手順で構成する場合と同じ結果が得られるのである．

以上では 3 変数の場合を例として説明したが，一般に N 変数の論理関数 $F(x_N, x_{N-1}, \cdots x_1)$ についても，同様の方法で極大項表現が得られる．N 変数の場合には，各入力変数 x_i またはその否定 $\bar{x}_i$ を $i = N, N-1, \cdots 1$ について OR でつないで極大項ができる．そして関数値が 0 となる入力変数値の組合せのそれぞれに対して，その入力変数値の組合せに対してだけ 0 の値を取る極大項を選んで，OR でつなぐことによって，$F(x_N, x_{N-1}, \cdots x_1)$ を表現できるのである．

2.2.3 NOT-AND-OR 形式と NOT-OR-AND 形式

以上に述べた極小項表現，極大項表現を用いると任意の論理関数を NOT と AND，OR のみを用いて表現できる．またこれらの演算の適用順は，極小項表現では，NOT，AND，OR の順になり，また極大項表現では，NOT，OR，AND の順になり，いずれも演算器（基本論理素子，基本論理ゲート）を 3 段に並べた論理回路で実現できる．以後，入力から出力に向けて使用される演算を順に並べて論理回路の形態の名称とする．そうすると極小項表現は **NOT-AND-OR 形式**（NOT-AND-OR form）の論理回路で，また極大項表現は **NOT-OR-AND 形式**（NOT-OR-AND form）の論理回路で実現できることになる．なお NOT-AND-OR 形式は積項の和形式，NOT-OR-AND 形式は和項の積形式とも呼び，本書の後半では後者の表記が主体となるが，本書の前半ではこれら以外も様々な形式の回路が現れるので，どのような形式であっても単純に素子の順番で名称を区別できるように前者の標記を主体とする．

以上の極小項表現の説明の中で，0 と 1，及び AND と OR を入れ替えると極大項表現の説明が得られる．すなわち極小項表現と双対な表現が極大項表現であると言える．

例題 2.1

次の関数を極小項表現と極大項表現で表せ．

$$F(x, y, z) = x \oplus y\bar{z}$$

【解答】 解法には特に工夫の余地はなく，表 2.3 の真理値表を作り，関数値が 1 となる入力変数の値の組に対応する極小項を OR でつないで極小項表現を作り，関数値が 0 となる入力変数の値の組に対応する極大項を AND でつないで極大項表現を作ると次式のようになる．

極小項表現：$F(x, y, z) = \bar{x}y\bar{z} \vee x\bar{y}\bar{z} \vee x\bar{y}z \vee xyz$

極大項表現：$F(x, y, z) = (x \vee y \vee z)(x \vee y \vee \bar{z})(x \vee \bar{y} \vee \bar{z})(\bar{x} \vee \bar{y} \vee z)$

表 2.3 $F(x, y, z) = x \oplus y\bar{z}$ の真理値表と各入力変数値の組に対応する極小項と極大項

x	y	z	$F(x, y, z) = x \oplus y\bar{z}$	極小項	極大項
0	0	0	0	$\bar{x}\bar{y}\bar{z}$	$x \vee y \vee z$
0	0	1	0	$\bar{x}\bar{y}z$	$x \vee y \vee \bar{z}$
0	1	0	1	$\bar{x}y\bar{z}$	$x \vee \bar{y} \vee z$
0	1	1	0	$\bar{x}yz$	$x \vee \bar{y} \vee \bar{z}$
1	0	0	1	$x\bar{y}\bar{z}$	$\bar{x} \vee y \vee z$
1	0	1	1	$x\bar{y}z$	$\bar{x} \vee y \vee \bar{z}$
1	1	0	0	$xy\bar{z}$	$\bar{x} \vee \bar{y} \vee z$
1	1	1	1	xyz	$\bar{x} \vee \bar{y} \vee \bar{z}$

2.3 NANDのみ，またはNORのみによる表現

論理変数 x, y について $\overline{xy}$ のように AND と NOT を一括して実行する論理演算を **NAND 演算**（NAND operation）と呼ぶ．ここで論理変数は 2 つに限らず 3 つ以上を $\overline{xyz}$ のように同時に処理してもよい．NAND 演算は万能であり，次のように NAND 演算だけを用いて，NOT，AND，OR の演算のいずれも表現できる．それぞれについて対応する論理回路も併せて示す．なお以下の説明では NAND 演算を $NAND(x, y) = \overline{xy}$ と標記することにする．

(1) NOT：$\bar{x} = \overline{xx} = NAND(x, x)$

(2) AND：$xy = \overline{\overline{xy}\,\overline{xy}} = NAND(NAND(x, y), NAND(x, y))$

(3) OR：$x \vee y = \overline{\overline{xx}\,\overline{yy}} = NAND(NAND(x, x), NAND(y, y))$

任意の論理関数は極小項表現で表すことができて，極小項表現は NOT-AND-OR 形式の論理回路で実現できるので，上記の NAND への変換式を使って，極小項表現の NOT，AND，OR をすべて NAND に置き換えれば，NAND だけを用いて任意の論理関数を表現できる．

例えば図 2.2(a) の NOT-AND-OR 形式の論理回路は，図 2.2(b) のように NAND だけを用いた論理回路と等価になる．ここで NOT は 2.3(a) のように NAND の入力をショートさせて同じ入力を加えることによって表し，また図中の白丸が NOT を表すので，ド・モルガンの定理によって図 2.3(b) に示すような置き換えを行って考えるとわかりやすい．すなわち NOT-AND-OR 形式の論理回路の 1 段目の NOT は，上記の (1) によって NAND で表現し，2 段目の AND と 3 段目の OR をド・モルガンの定理によって 2 段の NAND で表現する．以上により，任意の論理関数は NAND を 3 段で用いる論理回路で実現できることがわかる．

また論理変数 x, y について $\overline{x \vee y}$ のように OR と NOT を一括して実行する論理演算を **NOR 演算**（NOR operation）と呼ぶ．先に極小項表現の双対な表現が極大項表現であるといったが，NAND に対して双対な演算が NOR であり，次図に示すように極大項表現の 1 段目の NOT を NOR で表現し，2 段目，3 段目にド・モルガンの定理を適用すれば，任意の論理関数を NOR 素子だけからなる論理回路で実現することもできる．

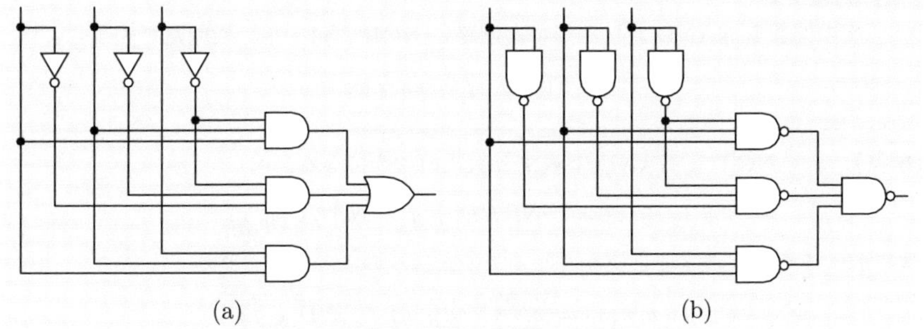

図 2.2 NOT-AND-OR 形式と等価な NAND だけの論理回路

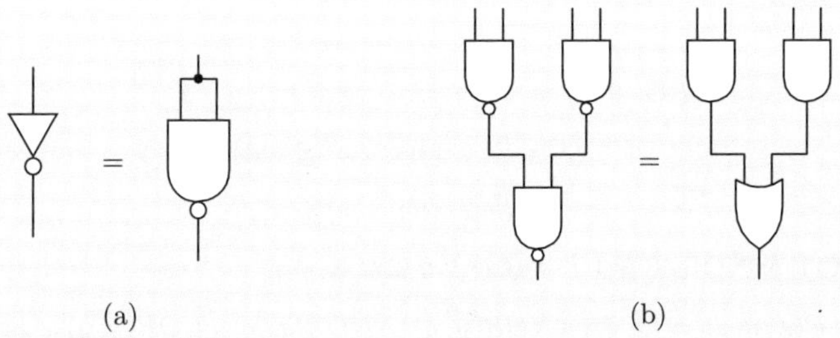

図 2.3 NOT とド・モルガンの定理の NAND による表現

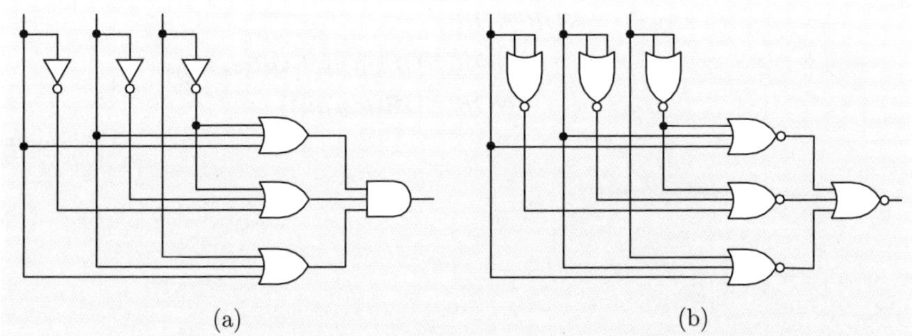

図 2.4 NOR による回路表現

例題 2.2

次の関数を NAND だけを用いた回路と NOR だけを用いた回路で表現せよ.

$$F(x,y,z) = x\bar{y} \vee \bar{x}z$$

【解答】 まず NOT を NAND で表すと次式のようになる.

$$F(x,y,z) = x\ NAND(y,y) \vee NAND(x,x)\ z$$

次にド・モルガンの定理を使うことでこの式は次のように表される.

$$F(x,y,z) = \overline{\overline{xNAND(y,y)}\ \overline{NAND(x,x)z}}$$

上式を NAND の演算記号だけで表すと次式となる.

$$\begin{aligned} F(x,y,z) = NAND(&NAND(x, NAND(y,y)), \\ &NAND(NAND(x,x),z)) \end{aligned}$$

次に NOR で表すにはまず分配律を使って次のように NOT-OR-AND 形式に変形する.

$$\begin{aligned} F(x,y,z) &= x\bar{y} \vee \bar{x}z = (x \vee \bar{x}z)(\bar{y} \vee \bar{x}z) \\ &= (x \vee \bar{x})(x \vee z)(\bar{y} \vee \bar{x})(\bar{y} \vee z) \\ &= (x \vee z)(\bar{y} \vee \bar{x})(\bar{y} \vee z) \end{aligned}$$

そして NOT を NOR で表すと次式のようになる.

$$F(x,y,z) = (x \vee z)(NOR(y,y) \vee NOR(x,x))(NOR(y,y) \vee z)$$

さらにド・モルガンの定理を使って次のように変形する.

$$F(x,y,z) = \overline{\overline{(x \vee z)} \vee \overline{(NOR(y,y) \vee NOR(x,x))} \vee \overline{(NOR(y,y) \vee z)}}$$

上式を NOR の演算記号だけで表すと次式となる.

$$\begin{aligned} F(x,y,z) = NOR(&NOR(x,z), \\ &NOR(NOR(y,y), NOR(x,x)), \\ &NOR(NOR(y,y),z)) \end{aligned}$$

■

2.4　AND と EXOR による表現：リード-マラー表現

任意の論理関数は AND と EXOR の 2 種類の基本論理演算を用いて表現することができる．前述したように AND はガロア体 $GF(2)$ の乗算であり，EXOR は $GF(2)$ の加算である．したがって，このことは，任意の論理関数（$GF(2)$ の関数とも見なせる）は，$GF(2)$ の乗算と加算を用いて**多項式**（polynomial）で表現できるということと同じである．この多項式による表現を**リード-マラー（Reed-Muller）表現**と呼ぶ．またこの表現を実現する回路の形態は，演算の適用順序に基づき，**AND-EXOR 形式**（AND-EXOR form）とも呼ばれる．

以下にリード-マラー表現を導くが，まず AND と EXOR を使って次のように NOT と OR を表せることに注意して欲しい．

(1)　NOT：$\bar{x} = x \oplus 1$

(2)　OR：$x \vee y = x \oplus y \oplus x \cdot y$

これらの関係は頻繁に使うので重要であり，確実に覚えて欲しい．任意の論理関数は NOT-AND-OR 形式の極小項表現で表せるので，その NOT と OR を上式で AND と EXOR で表せば，任意の論理関数を，AND と EXOR だけで表現できる．しかも次のように式を展開していけば，その形式は多項式となることがわかる．なおこの展開では，2 つの異なる極小項を α と β と表すと，それらの一方では肯定型でありながら，他方では否定型となっている変数が必ず存在することから，$\alpha \cdot \beta = 0$ となり，これと上式の (2) から $\alpha \vee \beta = \alpha \oplus \beta$ が成り立つことを利用している．

$$
\begin{aligned}
&F(x,y,z)\\
&= F(0,0,0)\bar{x}\bar{y}\bar{z} \vee F(1,0,0)x\bar{y}\bar{z} \vee F(0,1,0)\bar{x}y\bar{z} \vee F(1,1,0)xy\bar{z}\\
&\quad \vee F(0,0,1)\bar{x}\bar{y}z \vee F(1,0,1)x\bar{y}z \vee F(0,1,1)\bar{x}yz \vee F(1,1,1)xyz\\
&= F(0,0,0)\bar{x}\bar{y}\bar{z} \oplus F(1,0,0)x\bar{y}\bar{z} \oplus F(0,1,0)\bar{x}y\bar{z} \oplus F(1,1,0)xy\bar{z}\\
&\quad \oplus F(0,0,1)\bar{x}\bar{y}z \oplus F(1,0,1)x\bar{y}z \oplus F(0,1,1)\bar{x}yz \oplus F(1,1,1)xyz\\
&= F(0,0,0)(x \oplus 1)(y \oplus 1)(z \oplus 1) \oplus F(1,0,0)x(y \oplus 1)(z \oplus 1)\\
&\quad \oplus F(0,1,0)(x \oplus 1)y(z \oplus 1) \oplus F(1,1,0)xy(z \oplus 1)\\
&\quad \oplus F(0,0,1)(x \oplus 1)(y \oplus 1)z \oplus F(1,0,1)x(y \oplus 1)z\\
&\quad \oplus F(0,1,1)(x \oplus 1)yz \oplus F(1,1,1)xyz
\end{aligned}
$$

$$
\begin{aligned}
&= F(0,0,0)(xyz \oplus xy \oplus xz \oplus yz \oplus x \oplus y \oplus z \oplus 1) \\
&\quad \oplus F(1,0,0)(xyz \oplus xy \oplus xz \oplus x) \oplus F(0,1,0)(xyz \oplus xy \oplus yz \oplus y) \\
&\quad \oplus F(0,0,1)(xyz \oplus xz \oplus yz \oplus z) \oplus F(1,1,0)(xyz \oplus xy) \\
&\quad \oplus F(1,0,1)(xyz \oplus xz) \oplus F(0,1,1)(xyz \oplus yz) \oplus F(1,1,1)xyz \\
&= (F(0,0,0) \oplus F(1,0,0) \oplus F(0,1,0) \oplus F(0,0,1) \\
&\quad \oplus F(1,1,0) \oplus F(0,1,1) \oplus F(1,0,1) \oplus F(1,1,1))xyz \\
&\quad \oplus (F(0,0,0) \oplus F(1,0,0) \oplus F(0,1,0) \oplus F(1,1,0))xy \\
&\quad \oplus (F(0,0,0) \oplus F(1,0,0) \oplus F(0,0,1) \oplus F(1,0,1))xz \\
&\quad \oplus (F(0,0,0) \oplus F(0,0,1) \oplus F(0,1,0) \oplus F(0,1,1))yz \\
&\quad \oplus (F(0,0,0) \oplus F(1,0,0))x \oplus (F(0,0,0) \oplus F(0,1,0))y \\
&\quad \oplus (F(0,0,0) \oplus F(0,0,1))z \oplus F(0,0,0) \qquad (2.6)
\end{aligned}
$$

上式を見ると多項式の各項の係数に次のような規則性があることに気付くであろう．

(a) xyz の係数は，入力変数 x, y, z の 3 変数がそれぞれ 0 と 1 に値を変えて得られる 8 通りの値の組合せについて，関数 $F(x, y, z)$ の値の EXOR による総和である．

(b) xy の係数は，入力変数 x, y, z のうち z は 0 に固定して x, y がそれぞれ 0 と 1 に値を変えて得られる 4 通りの値の組合せについて関数 $F(x, y, z)$ の値の EXOR による総和である．

(c) xz の係数は，入力変数 x, y, z のうち y は 0 に固定して x, z がそれぞれ 0 と 1 に値を変えて得られる 4 通りの値の組合せについて関数 $F(x, y, z)$ の値の EXOR による総和である．

(d) x の係数は，入力変数 x, y, z のうち y と z を 0 に固定して x のみを 0 と 1 に値を変えて得られる 2 通りの値の組合せについて関数 $F(x, y, z)$ の値の EXOR による総和である．

(e) 定数 1 の係数は，入力変数 x, y, z のすべてを 0 に固定した時の関数 $F(x, y, z)$ の値である．

以上は 3 変数の場合の説明であるが，同様の規則性が N 変数の論理関数を多項式で表す場合にも成り立つ．N 変数の論理関数を多項式で表す場合に，係数を求めるための規則性を一般的な形で次に示す．

論理関数のリード-マラー表現における係数の算出法

$F(x_N, x_{N-1}, \cdots x_1)$ を AND と EXOR を積と和の演算として多項式で表現する場合に，多項式中の $x_{n1}x_{n2}\cdots x_{nL}$ の項の係数は，$x_{n1}, x_{n2}, \cdots x_{nL}$ 以外の入力変数の値を 0 に固定して，$x_{n1}, x_{n2}, \cdots x_{nL}$ の各変数の値を 0 と 1 に変えて得られる 2^L 通りの入力変数値の組合せについて，関数 $F(x_N, x_{N-1}, \cdots x_1)$ の値を EXOR によって総和することによって得られる．

例題 2.3

次の論理関数をリード-マラー表現で表せ．

$$F(x, y, z) = x\bar{y} \vee xyz \vee \bar{x}y\bar{z}$$

【解答】 上式から，

$$F(0,0,0) = 0, \quad F(1,0,0) = 1,$$
$$F(0,1,0) = 1, \quad F(0,0,1) = 0,$$
$$F(1,1,0) = 0, \quad F(0,1,1) = 0,$$
$$F(1,0,1) = 1, \quad F(1,1,1) = 1$$

であるから，これを式 (2.6) に代入することによって次式を得る．

$$F(x, y, z) = yz \oplus x \oplus y$$

2.5　論理式変形のコツと典型的な変形例

整数や実数の四則演算の式であれば，ほとんど無意識的に式の形態を変えたり，自在に計算を行ったりできるのは，長年の習熟の賜物であると言える．論理式についても早く慣れて，四則演算と同様に式の変形や計算を自由に行えるようになって欲しいが，四則演算が「体」の規則に基づき式変形を行うのに対して，ブール代数では「体」と性格の異なる「束」の規則に従って演算を行うために，習熟するまでに時間を要するばかりか，四則演算に慣れていることが逆に災いして，論理式の変形が妨げられる場合がある．そこでここでは，論理式の式変形において，読者が陥りやすい誤りや，気が付きにくい変形方法について，詳しく述べて，早めに論理式の計算に慣れるための処方を示しておきたい．

まず論理式の式変形において，最もよく使われる公式を改めて下記に整理しておこう．

(1)　包含関係

2つの論理関数（論理式）F と G の間に，$F \leq G$ の包含関係があるときには次式が成り立つ．逆に次式が一方でも成り立てば，F と G の間に，$F \leq G$ の包含関係が成立する．

$$F \vee G = G, \quad F \cdot G = F \tag{2.7}$$

(2)　分配律

$$\begin{aligned} x \vee (y \cdot z) &= (x \vee y) \cdot (x \vee z) \\ x \cdot (y \vee z) &= (x \cdot y) \vee (x \cdot z) \end{aligned} \tag{2.8}$$

(3)　ド・モルガンの定理

$$\begin{aligned} \overline{x \vee y} &= \bar{x} \cdot \bar{y} \\ \overline{x \cdot y} &= \bar{x} \vee \bar{y} \end{aligned} \tag{2.9}$$

もちろん交換律や結合律もよく使うが，それらは，四則演算に慣れている読者には，特に練習しなくともすぐに使いこなせるに違いない．そのような読者は余計な公式に気を取られずに，上記の3つの公式に集中して習熟するようにして欲しい．論理式の計算のために新たに覚えなければならない公式は，上記の3つだけでよいと割り切るくらいの方が，式が複雑でもそれに惑わされずに，これらの 3 つの公式を利用できる部分に気付きやすくなる．また万一式変形につまずいた時は，この 3 つの公式を思い起こし，そのどれかが適用できないか改めて検討してみて欲しい．

以下に式変形の典型例を紹介するので，これらを例題として上記の公式を使いこなせるように練習するとよいであろう．

式変形例 1（包含される項を OR でつなげて相殺する）

$$\begin{aligned} xy \vee \bar{x}z \vee yw &= xy \vee \bar{x}z \vee yw(\bar{x} \vee x) \\ &= xy \vee \bar{x}z \vee yw\bar{x} \\ &= xy \vee \bar{x}(z \vee yw) \end{aligned} \tag{2.10}$$

$$\begin{aligned} xy \vee \bar{x}z \vee yz &= xy \vee \bar{x}z \vee yz(x \vee \bar{x}) \\ &= xy \vee \bar{x}z \end{aligned} \tag{2.11}$$

式変形例 2（わかりにくい方の分配則の利用）

$$x \vee \bar{x}y = x \vee y \tag{2.12}$$

この関係が複雑な式に紛れていると気づきにくい．例えば，次の変形例では，この分配則が使われている．

$$(\bar{x} \vee yz)(\bar{u} \vee \bar{v} \vee \bar{w}) \vee uvw = \bar{x} \vee yz \vee uvw \tag{2.13}$$

$$(x \vee y)(x \vee z)(x \vee v)(x \vee z \vee v) = x \vee yzv \tag{2.14}$$

$$yz \vee \bar{x}\bar{y}\bar{z} \vee xy = yz \vee (xy \vee \bar{x}\bar{y})\bar{z} \tag{2.15}$$

$$xy \vee \bar{x}z \vee yz = xy \vee \bar{x}z \tag{2.16}$$

式変形例 3（ドモルガンの定理の利用に気付きにくい例）

$$x(\bar{y} \vee \bar{z} \vee \bar{w}) \vee yzw = x \vee yzw \tag{2.17}$$

2.6 論理代数方程式：変数依存関係の一方向化

論理関数を定義する目的に論理式を使用する場合には，論理式は，入力に対して出力を規定するものであって，入力として論理変数の値が与えられたときに，その論理式を計算し，出力の値を求めればよかった．一方，問題によっては，論理変数間の依存関係が論理式で与えられ，その論理式を満たす変数値を見つけ出すことが課題となる場合がある．論理変数間の依存関係を示す論理式を**論理代数方程式**（Boolean equation）と呼び，その中の所定の変数，例えば x が他の変数，例えば y, z にどのように依存しているのかを，x を左辺として，右辺を y, z の論理式として，$x = f(y, z)$ の形式で示すことを，「論理代数方程式を x について解く」という．

実数の世界で方程式を解く場合には，その方程式を満たす変数値を見つけ出すことが課題となり，解は具体的な実数値として求める必要があった．しかしながら，ブール代数の世界では，値は 0 と 1 の 2 通りしかないので，敢えて代数的に解かなくとも，具体的に 0 と 1 を代入してどちらが方程式を満たすか調べれば，方程式を満たす変数の値が求まる．したがって，計算量さえ問わなければ，数値としての解を求める方法を論じても意味がない．

そこで本節の目的は，3 つの変数 x, y, z が入り混じっていて，相互に依存し合っている元の方程式を，$x = f(y, z)$ の形式に整理すること，すなわち y, z から一方向的に x が定まるようにして，変数の依存関係を一方向化することであり，そのことを「論理代数方程式を解く」と呼ぶ．

値が 0 と 1 の 2 通りしかなくとも，論理代数方程式の変数の数が増えたときに，値の組合せをすべて代入してしらみつぶしに解を探したら，計算量は組合せ的に増大してしまう．「論理代数方程式を解く」ことによって変数の依存関係を整理すると，しらみつぶしの探索を防いで計算量を減らすことができる．

先に，論理代数方程式の解は 0 と 1 の 2 通りしかないのだから，実際にそれぞれの値を代入して，どちらが解になるのか確認すれば数値としての解は容易に求まるといったが，それは変数の数が少ない場合の話であって，変数の数が多くなる場合には，事情が異なる．各々の変数が 2 つの値しか取らなくても，多数の変数の 2 つの値の組合せは天文学的な数となり，あらゆる値の組合せを 1 つずつ代入して解になっているのか確認するのに莫大な計算量を要する．このことを計算量の組合せ爆発の問題という．

そのような場合には，上述した方法で変数の依存関係を一方向化しながら，以下に示す手順で論理代数方程式の変数の数を再帰的に減らしていくようにするとよい．最後に1つの変数だけの方程式になれば，それを解いてその1つの変数の値を求め，**再帰的手順**（recursive procedure）を逆に辿ることによって，それまでに定まった変数の値を使って残りの未知変数の値を順々に決めていくことができる．その際に用いるのが，既知変数から未知変数を一方向的に定めるように依存関係を整理した式なのである．このように変数の値を1つ1つ定めていけば組合せ爆発の問題に遭遇することなく，多数の変数が複雑に絡み合った論理代数方程式を満たす変数値の組を見つけ出すことができる．以下にその手続きを具体的に示そう．3変数 x, y, z の論理代数方程式について示すが，多変数になっても同様の手順を適用できる．

なお次の形式で変数の依存関係を表す論理式を論理代数方程式の**標準形**（standard form）という．

$$F(x, y, z) = 1 \tag{2.18}$$

一般的には，変数の依存関係は $G(x, y, z) = H(x, y, z)$ の形式をしているが，これを次の等価な標準形に直してから以下の解法を利用する．

$$G(x, y, z)H(x, y, z) \vee \overline{G(x, y, z)}\ \overline{H(x, y, z)} = 1 \tag{2.19}$$

上式の左辺をまとめて $F(x, y, z)$ と見なせば，上式は標準形になっていることがわかる．また上式が成り立つことと $G(x, y, z) = H(x, y, z)$ が成り立つことが同値であることは容易に確認できる．

論理代数方程式の解法

(1)　解くべき論理代数方程式を標準形：$F(x, y, z) = 1$ の形式に変形する．

(2)　未知変数を1つ（まずは x を）減らす．変数が1つ減った論理代数方程式も標準形で表す．具体的には，x は2通りの値0または1しか取らないから，y, z は，$F(0, y, z) = 1$ または $F(1, y, z) = 1$ を満たすように定めなければならない．そのことを論理式で表すと次式となる．

$$F(0, y, z) \vee F(1, y, z) = 1 \tag{2.20}$$

これが $F(x, y, z) = 1$ を満たす x の解が存在するための必要十分条件である．またこれは x を減らした残りの2変数 y, z が満たすべき論理代数方程式であり，標準形にもなっている．

(3)　(2) で減らした変数（x）の値を残りの変数（y, z）の値から求める（依存関係を一方向化した）式を作る．すなわち，元の論理代数方程式 $F(x, y, z) = 1$ の形式では，x, y, z の3変数の間に相互（双方向）に依存関係がある．これを

$x = G(y, z)$ の形式に直し，y, z の値から一方向的に x が定まるような依存関係にする．具体的には次の手順でこの形式に直すことができる．なお，y, z の値は既に (2) で $F(x, y, z) = 1$ を満たす x が存在するように決められていることを前提とする．すなわち，y, z は，$F(0, y, z) = 1$ または $F(1, y, z) = 1$ が成り立つように決められているものとする．前者が成り立つように y, z の値が決まっているとしたら，$F(x, y, z) = 1$ を満たす x の値は 0 である．また後者が成り立つように y, z の値が決まっているとしたら，$F(x, y, z) = 1$ を満たす x の値は 1 である．そしてもしも前者と後者が両方成り立つように y, z の値が決まっているとしたら，$F(x, y, z) = 1$ を満たす x の値は 0 でも 1 でもどちらでもよいことになる．x の値は 0 でも 1 でもどちらでもよいことを，任意の数を表す記号 α を使って $x = \alpha$ と記すようにすれば，上述したように x が決まることを次のような論理式で表すことができる．

$$x = \overline{F(0, y, z)} \vee \alpha F(1, y, z) \tag{2.21}$$

この論理式で上述したことが表せることを確認してみよう．y, z の値が $F(x, y, z) = 1$ を満たす x が存在するように既に決められていることを前提としているから，$F(0, y, z)$ と $F(1, y, z)$ の両者が同時に 0 になることはない．前者だけが 1 になるときには上式で $F(0, y, z) = 1$，$F(1, y, z) = 0$ とすれば $x = 0$ となることを確認できる．同様に後者だけが 1 になるときは $x = 1$ となること，そして両者共に 1 となるときには，$x = \alpha$ となることを確認でき，上述した通りのことがこの式で表現されていることがわかる．さて上式をよく見ると，右辺は x を含んでおらず，y, z だけで表されていることがわかる．したがって，この式は y, z から x を一方向的に定める式になっており，(3) の目的が達成されたことになる．

(4) 以上のことから，y, z が (2) で導いた論理代数方程式 $F(0, y, z) \vee F(1, y, z) = 1$ を満たしさえすれば，x に解が存在し，その解は (3) で導いた $x = \overline{F(0, y, z)} \vee \alpha F(1, y, z)$ の式によって y, z の値から定まることがわかった．

そこで次の課題は，論理代数方程式 $F(0, y, z) \vee F(1, y, z) = 1$ を満たす y, z を求めることになるが，この論理代数方程式は標準形となっているので，$\hat{F}(y, z) = F(0, y, z) \vee F(1, y, z)$ として，今度は変数 y をなくして変数を 1 つ減らすことを目標として，(2) の手続きを $\hat{F}(y, z)$ に適用して z だけを未知変数とする論理代数方程式を作り，(3) の手続きで y の値を z の値から求める式を作ればよい．具体的には次の (5)，(6) のようになる．

(5) y に解が存在するために z が満たすべき論理代数方程式として $\hat{F}(0,z) \vee \hat{F}(1,z) = 1$ を作る．

(6) y の値を z の値から定めるように依存関係を一方向化した式として $y = \overline{\hat{F}(0,z)} \vee \alpha\hat{F}(1,z)$ を作る．

(7) 上記のように論理代数方程式の変数の数を減らしていき，最後に変数を1つだけ含む式ができる．この場合には，(5) で得られた式 $\hat{F}(0,z) \vee \hat{F}(1,z) = 1$ は変数 z のみを含む．変数の値は0か1のいずれかであるから，具体的に値を代入し，この式を満たす z の値を見つけ出すことができる．場合によっては，0と1の両方が解となる場合もある．

(8) (7) で求めた z の値を (6) で求めた「y の値を z の値から定める式」に代入して y の値を求める．(7) で z の解が2つある場合には，そのそれぞれについて y の値を求める．また (6) の α は0と1のどちらを取ってもよいので，そのそれぞれについて y の値を求める．

(9) (7) で求めた z の値とその z の値に対して (8) で求めた y の値を (3) で求めた「y, z の値から x の値を定める式」に代入して x の値を求める．解となる y, z の値の組が複数ある場合には，そのそれぞれについて x の値を求める．また (3) の α は0と1のどちらを取ってもよいのでそのそれぞれについて x の値を求める．

以上の手続きで x, y, z の3変数の論理代数方程式を解くことができる．この解法は，変数の数がさらに増えても利用できることがわかるであろう．すなわち，変数が幾ら増えようが，(2) と (3) の手続きを再帰的に適用して，1つずつ変数を減らすことができる．最後に変数が1つになったらそれを解いてその変数の値を決め，その変数の値に対して (8) の手続きを再帰的に適用して，他の変数の値も順次定めていくことによって，どんな論理代数方程式でも解けるのである．

ただし，この手続きの計算量が，変数の数の増加につれて組合せ的に増えることがないか，注意する必要がある．(2) の手続きを再帰的に繰り返した時に結局はすべての変数値の組合せについて関数値を求めているのではないかという疑問が生じる．実際，上記の手続きを，関数の具体形を与えずに，一般的な形式 $F(x,y,z)$ のまま繰り返していくと，すべての入力変数の値の組合せに対する関数値 $F(0,0,0)$，$F(0,0,1)$，$F(0,1,0)$，$F(0,1,1)$，$F(1,0,0)$，$F(1,0,1)$，$F(1,1,0)$，$F(1,1,1)$ が現れることに気付くであろう．これではしらみつぶしに解を探索するのと同じで，変数の数の増加と共に計算量が組合せ的に増大する事情は何ら改善されていない．

しかしながら，関数 $F(x,y,z)$ が一般形のままでなく，具体的な論理式として与えられると計算量は大幅に減る．(2) の手続きでは，1 つの変数に 0 または 1 の値を具体的に与えて，変数の数を 1 つ減らした関数を使用しているが，関数が具体的な論理式として与えられていれば，変数の 1 つに具体的な値を入れて，変数の数を 1 つ減らした論理式は，元の式よりもずっと簡単になる．関数を一般形のままにせずに，変数を減らす都度簡単化していけば，能率的に多変数の論理代数方程式を解くことができるのである．

例題 2.4

次の 2 つの論理代数方程式を同時に満たす x, y, z を求めよ．

$$\bar{x}y \vee \bar{y}z = xy\bar{z}, \qquad xy = yz$$

【解答】 上述した解法を適用するには，上の 2 連の形式で与えられた論理代数を 1 つの標準形で表す必要がある．まずは 2 連の式のうちの上の式を標準形で表すと次式になる．

$$\begin{aligned}(\bar{x}y \vee \bar{y}z)(xy\bar{z}) \vee \overline{(\bar{x}y \vee \bar{y}z)}\ \overline{(xy\bar{z})} &= \overline{(\bar{x}y \vee \bar{y}z)}\ \overline{(xy\bar{z})} \\ &= (x \vee \bar{y})(y \vee \bar{z})(\bar{x} \vee \bar{y} \vee z) = xyz \vee \bar{y}\bar{z} = 1\end{aligned}$$

また下の式に関しては次のように変形して標準形で表すことができる．

$$\begin{aligned}(xy)(yz) \vee \overline{(xy)}\ \overline{(yz)} &= xyz \vee (\bar{x} \vee \bar{y})(\bar{y} \vee \bar{z}) \\ &= xyz \vee \bar{x}\bar{z} \vee \bar{y} = xz \vee \bar{x}\bar{z} \vee \bar{y} = 1\end{aligned}$$

こうして求まった 2 つの標準形：

$$xyz \vee \bar{y}\bar{z} = 1, \qquad xz \vee \bar{x}\bar{z} \vee \bar{y} = 1$$

がどちらも成り立つように 1 つの標準形にまとめると次式となる．すなわち上の 2 つの式の左辺を AND でつなげたものが 1 となるためには，上の 2 つの式の左辺はどちらも 1 でなければならないことになる．

$$(xyz \vee \bar{y}\bar{z})(xz \vee \bar{x}\bar{z} \vee \bar{y}) = 1$$

上式を変形して簡単化し，前述した「論理代数方程式の解法」に示した手順に合わせやすくするために左辺を $F(x,y,z)$ と表すと次のようになる．

$$F(x,y,z) = (xyz \vee \bar{y}\bar{z})(xz \vee \bar{x}\bar{z} \vee \bar{y}) = xyz \vee \bar{y}\bar{z} = 1$$

後は，このように具体的な論理式として定まった $F(x,y,z)$ に上述した「論理代数方程式の解法」に示した (1)～(8) の手順を適用するだけである．適用した結果を以下に示す．

(1) 解くべき論理代数方程式（標準形）は $F(x,y,z) = xyz \vee \bar{y}\bar{z} = 1$ である．

(2)　x を減らした残りの 2 変数 y, z が満たすべき論理代数方程式を標準形として求めると次式になる．$\hat{F}(y,z) = F(0,y,z) \vee F(1,y,z) = \bar{y}\bar{z} \vee yz = 1$ となる．

(3)　(2) で減らした変数（x）の値を残りの変数（y, z）の値から求める（依存関係を一方向化した）式を作ると次式が得られる．ここで，x の値は 0 でも 1 でもどちらでもよいことを，任意の数を表す記号 α を使って $x = \alpha$ と記すようにする．

$$\begin{aligned} x &= \overline{F(0,y,z)} \vee \alpha F(1,y,z) = \overline{\bar{y}\bar{z}} \vee \alpha(yz \vee \bar{y}\bar{z}) = y \vee z \vee \alpha\bar{y}\bar{z} \\ &= \overline{\bar{y}\bar{z}} \vee \alpha\bar{y}\bar{z} = (\overline{\bar{y}\bar{z}} \vee \alpha)(\overline{\bar{y}\bar{z}} \vee \bar{y}\bar{z}) = y \vee z \vee \alpha \end{aligned}$$

(4)　以上のことから，y, z が (2) で導いた論理代数方程式 $\hat{F}(y,z) = \bar{y}\bar{z} \vee yz = 1$ を満たしさえすれば，x に解が存在し，その解は (3) で求めた $x = y \vee z \vee \alpha$ によって y, z の値から定まることがわかった．

そこで今度は (2) の手続きを $\hat{F}(y,z)$ に適用して，変数 y をなくして，z だけを未知変数とする論理代数方程式を作り，(3) の手続きで y の値を z の値から求める式を作る．具体的には次の (5)，(6) のようになる．

(5)　y に解が存在するために z が満たすべき論理代数方程式として $\hat{F}(0,z) \vee \hat{F}(1,z) = 1$ を作る．この場合には，$\hat{F}(0,z) \vee \hat{F}(1,z) = \bar{z} \vee z = 1$ となり，常に 1 となる．

(6)　y の値を z の値から定める式として $y = \overline{\hat{F}(0,z)} \vee \alpha\hat{F}(1,z)$ を作る．この場合には，$\overline{\hat{F}(0,z)} \vee \alpha\hat{F}(1,z) = z \vee \alpha z = z$ となる．

(7)　(5) で得られた論理代数方程式 $\hat{F}(0,z) \vee \hat{F}(1,z) = 1$ を解いて z の値を求める．この場合には，$\hat{F}(0,z) \vee \hat{F}(1,z) = \bar{z} \vee z = 1$ となり，常に 1 となるので，z は 0 と 1 のいずれでもよいことになる．

(8)　(7) で求めた z の値を (6) で求めた「y の値を z の値から定める式」に代入して y の値を求める．この場合には，$\overline{\hat{F}(0,z)} \vee \alpha\hat{F}(1,z) = z \vee \alpha z = z$ となり，$y = z$ となる．(7) で z の解が 2 つある場合には，そのそれぞれについて y の値を求める．また (6) の α は 0 と 1 のどちらを取ってもよいので，そのそれぞれについて y の値を求める．この場合には，$y = z = 1$ または $y = z = 0$ が y と z の解となる．

(9)　(7) で求めた z の値とその z の値に対して (8) で求めた y の値を (3) で求めた「y, z の値から x の値を定める式 $x = y \vee z \vee \alpha$」に代入して x の値を求める．解となる y, z の値の組が複数ある場合には，そのそれぞれについて x の値を求める．また (3) の α は 0 と 1 のどちらを取ってもよいのでそのそれぞれについて x の値を求める．この場合には，$y = z = 1$ のときは $x = 1$，$y = z = 0$ のときは $x = \alpha$ となるので，x, y, z の解は次の 3 通りとなる．

$$(x,y,z) = (1,1,1) \text{ または } (0,0,0) \text{ または } (1,0,0)$$ ■

2章の問題

□**1**　$M_{aj}(x,y,z)=xy\vee xz\vee yz$ とするときに次式を証明せよ.

(1)　$(xyz)\vee(\bar{x}yz)\vee(\bar{x}y\bar{z})=y(\bar{x}\vee z)$

(2)　$M_{aj}(x,y,z)=\bar{x}y\vee\bar{y}z\vee\bar{z}x$　のとき，$M_{aj}(x,y,M_{aj}(\bar{x},\bar{y},\bar{z}))=x\oplus y\vee z$

(3)　$M_{aj}(x,y,z)=x\bar{y}\vee y\bar{z}\vee z\bar{x}$　のとき，$\dfrac{\partial M_{aj}(x,y,z)}{\partial x}=yz\vee\bar{y}\bar{z}$

$\left(\text{ただし,}\ \dfrac{\partial M_{aj}(x,y,z)}{\partial x}=M_{aj}(1,y,z)\oplus M_{aj}(0,y,z)\ \text{とする.}\right)$

□**2**　次の論理関数を極小項表現，極大項表現でそれぞれ表せ.

(1)　$F(x,y,z)=x\oplus y\oplus z$

(2)　$F(x,y,z)=(x\vee y)(\bar{y}\vee z)$

(3)　$F(x,y,z)=\overline{(x\bar{y})\vee(y\bar{z})\vee(x\bar{z})}$

(4)　$F(x,y,z)=(x\vee\bar{y})\oplus\bar{x}z$

□**3**　（関数の各種表現）次の各論理式を指定された形式で表現せよ.

(1)　$x\oplus y\oplus z$　（極小項表現）

(2)　$(xy\oplus\bar{y}z)\vee\bar{z}$　（極大項表現）

(3)　$x(y\oplus\bar{z})$　（NAND だけ（$\overline{x\cdot y}$ の形式だけ）の3段構成で表現する．$\bar{x}$ は $\overline{x\cdot x}$ としてNAND で表現すること．簡単化しなくてもよい.）

(4)　$x\bar{y}\vee\bar{x}z$　（NOR だけ（$\overline{x\vee y}$ の形式だけ）の3段構成で表現する．$\bar{x}$ は $\overline{x\vee x}$ としてNOR で表現すること．簡単化しなくてもよい.）

□**4**　次の論理代数方程式の解 x,y,z を求めよ.

(1)　$x\vee y\leq z$

(2)　$x\vee y\ =1$ かつ $\bar{x}z\geq y$

(3)　$x\oplus\bar{y}z=1$

第3章

特別な性質を持った論理関数

本章では，応用上有用な性質を持った各種の論理関数を紹介する．具体的には，包含関係について特別な性質を持つユネイト関数や単調関数，双対性について特別な性質を持つ自己双対関数，その他対称性や線形性，及び閾値処理に関わる関数を学ぶ．

3.1 ユネイト関数と単調関数

ここでは包含関係に関して特殊な性質を持つ論理関数について紹介しよう．既に前章で何度か経験しているが，論理回路理論では，しばしば論理関数の特定の入力変数の値を 0 または 1 に固定することによって，関数の入力変数の数を 1 つ減らして，論理関数の性質を分析したり，式変形を行ったりする．例えば，論理代数方程式の解を求めるときには，論理式の未知変数の数を再帰的に減らしていく過程で，変数を 1 つずつ選んで，その値を 0 または 1 に固定した．また式変形の過程で次の公式をよく利用する．この公式は，その左辺，右辺の x_i に実際に 0 と 1 を代入してみると，いずれの場合にも成立していることを確認できる．

$$\begin{aligned}
&F(x_n, x_{n-1}, \cdots, x_{i+1}, x_i, x_{i-1}, \cdots, x_2, x_1)\\
&= x_i F(x_n, x_{n-1}, \cdots, x_{i+1}, 1, x_{i-1}, \cdots, x_2, x_1)\\
&\quad \vee \bar{x}_i F(x_n, x_{n-1}, \cdots, x_{i+1}, 0, x_{i-1}, \cdots, x_2, x_1)
\end{aligned} \tag{3.1}$$

論理回路理論では上式を色々なところで使うのでよく覚えておこう．

さて，上式は変数の数が n 個である場合の一般的な式であるが，簡単のために以下は，変数が x, y, z の 3 個である場合を例として説明しよう．そこで成り立つことは変数の数が n 個になっても成り立つことは容易に類推できるはずである．

上の公式によれば，$F(x, y, z)$ の変数 x について次式が成り立つ．

$$F(x, y, z) = xF(1, y, z) \vee \bar{x}F(0, y, z) \tag{3.2}$$

ここでもしも $F(1, y, z)$ と $F(0, y, z)$ の間に $F(1, y, z) \geq F(0, y, z)$ の包含関係があったら，次のような式変形が可能となる．ここでは，2 章 2.5 節の「(1) 包含関係」に示した式変形の技法を使っている．

$$\begin{aligned}
F(x, y, z) &= xF(1, y, z) \vee \bar{x}F(0, y, z)\\
&= x(F(1, y, z) \vee F(0, y, z)) \vee \bar{x}F(0, y, z)\\
&= xF(1, y, z) \vee (xF(0, y, z)) \vee \bar{x}F(0, y, z))\\
&= xF(1, y, z) \vee F(0, y, z)
\end{aligned} \tag{3.3}$$

この式変形の結果から，次の定理を得る．

定理 3.1

論理関数 $F(x_n, x_{n-1}, \cdots, x_{i+1}, x_i, x_{i-1}, \cdots, x_2, x_1)$ が次の包含関係を満たすとき,

$$\begin{aligned} &F(x_n, x_{n-1}, \cdots, x_{i+1}, 0, x_{i-1}, \cdots, x_2, x_1) \\ &\leq F(x_n, x_{n-1}, \cdots, x_{i+1}, 1, x_{i-1}, \cdots, x_2, x_1) \end{aligned} \tag{3.4}$$

関数 $F(x_n, x_{n-1}, \cdots, x_{i+1}, x_i, x_{i-1}, \cdots, x_2, x_1)$ は x_i に依存しない項（x_i を除いた他の変数のみに依存する関数）A, B を用いて次の形式で表せる．逆に $F(x_n, x_{n-1}, \cdots x_1)$ が下式の形式で表されれば，上式の包含関係が成り立つ．逆が成り立つことの証明は，$B \leq A \vee B$ が成り立つことから明らかであろう．

$$F(x_n, x_{n-1}, \cdots x_1) = A\, x_i \vee B \tag{3.5}$$

また上の定理から以下の一連の定理が成り立つことを容易に確認できる．

定理 3.2

論理関数 $F(x_n, x_{n-1}, \cdots, x_{i+1}, x_i, x_{i-1}, \cdots, x_2, x_1)$ が次の包含関係を満たすとき,

$$\begin{aligned} &F(x_n, x_{n-1}, \cdots, x_{i+1}, 0, x_{i-1}, \cdots, x_2, x_1) \\ &\leq F(x_n, x_{n-1}, \cdots, x_{i+1}, 1, x_{i-1}, \cdots, x_2, x_1) \end{aligned} \tag{3.6}$$

関数 $F(x_n, x_{n-1}, \cdots x_1)$ は x_i の否定型 $\bar{x}_i$ を含まない形式で表せる．

任意の論理関数は極小項表現で表せるので，上記の x_i に依存しない項（x_i を除いた他の変数にだけ依存する関数）A, B は x_i を除外した残りの変数について極小項表現で表せる．その極小項表現を A, B に代入すると，$A\, x_i \vee B$ は，x_i の否定型 $\bar{x}_i$ を含まない NOT-AND-OR 形式で表されることがわかる．逆に NOT-AND-OR 形式で表されている論理式が，もしも $\bar{x}_i$ を含んでいなければ，その論理式は分配律と交換律で整理することによって，必ず $A\, x_i \vee B$ の形式で表せる．これらのことから次の定理が成り立つことがわかる．

定理 3.3

論理関数 $F(x_n, x_{n-1}, \cdots, x_{i+1}, x_i, x_{i-1}, \cdots, x_2, x_1)$ が次の包含関係を満たすとき，

$$\begin{aligned} &F(x_n, x_{n-1}, \cdots, x_{i+1}, 0, x_{i-1}, \cdots, x_2, x_1) \\ &\leq F(x_n, x_{n-1}, \cdots, x_{i+1}, 1, x_{i-1}, \cdots, x_2, x_1) \end{aligned} \tag{3.7}$$

関数 $F(x_n, x_{n-1}, \cdots x_1)$ は，x_i の否定型 $\bar{x}_i$ を含まない NOT-AND-OR 形式の論理式で表せる．逆に，関数 $F(x_n, x_{n-1}, \cdots x_1)$ が $\bar{x}_i$ を含まない NOT-AND-OR 形式の論理式で表せる場合には，この関数について，上記の包含関係が成立する．

ところで，$F(x_n, x_{n-1}, \cdots, x_{i+1}, 0, x_{i-1}, \cdots, x_2, x_1)$ と $F(x_n, x_{n-1}, \cdots, x_{i+1}, 1, x_{i-1}, \cdots, x_2, x_1)$ の包含関係が逆である場合も，上記と同様の議論を行うことにより，以下の定理が成立する．

定理 3.4

論理関数 $F(x_n, x_{n-1}, \cdots, x_{i+1}, x_i, x_{i-1}, \cdots, x_2, x_1)$ が次の包含関係を満たすとき，

$$\begin{aligned} &F(x_n, x_{n-1}, \cdots, x_{i+1}, 0, x_{i-1}, \cdots, x_2, x_1) \\ &\geq F(x_n, x_{n-1}, \cdots, x_{i+1}, 1, x_{i-1}, \cdots, x_2, x_1) \end{aligned} \tag{3.8}$$

関数 $F(x_n, x_{n-1}, \cdots, x_{i+1}, x_i, x_{i-1}, \cdots, x_2, x_1)$ は，x_i に依存しない項（x_i を除いた他の変数のみに関する関数）A, B を用いて次の形式で表せる．逆に $F(x_n, x_{n-1}, \cdots x_1)$ が下式の形式で表されれば，上式の包含関係が成り立つ．

$$F(x_n, x_{n-1}, \cdots x_1) = A\ \bar{x}_i \vee B \tag{3.9}$$

定理 3.5

論理関数 $F(x_n, x_{n-1}, \cdots, x_{i+1}, x_i, x_{i-1}, \cdots, x_2, x_1)$ が次の包含関係を満たすとき，

$$\begin{aligned} &F(x_n, x_{n-1}, \cdots, x_{i+1}, 0, x_{i-1}, \cdots, x_2, x_1) \\ &\geq F(x_n, x_{n-1}, \cdots, x_{i+1}, 1, x_{i-1}, \cdots, x_2, x_1) \end{aligned} \tag{3.10}$$

関数 $F(x_n, x_{n-1}, \cdots x_1)$ は x_i の肯定型を含まずに否定型 $\bar{x}_i$ だけを含んだ形式で表せる．

定理 3.6

論理関数 $F(x_n, x_{n-1}, \cdots, x_{i+1}, x_i, x_{i-1}, \cdots, x_2, x_1)$ が次の包含関係を満たすとき，

$$\begin{aligned} &F(x_n, x_{n-1}, \cdots, x_{i+1}, 0, x_{i-1}, \cdots, x_2, x_1) \\ &\geq F(x_n, x_{n-1}, \cdots, x_{i+1}, 1, x_{i-1}, \cdots, x_2, x_1) \end{aligned} \tag{3.11}$$

関数 $F(x_n, x_{n-1}, \cdots x_1)$ は x_i の肯定型を含まずに否定型 $\bar{x}_i$ だけを含んだ NOT-AND-OR 形式の論理式で表せる．逆に，関数 $F(x_n, x_{n-1}, \cdots x_1)$ が x_i の肯定型を含まない NOT-AND-OR 形式の論理式で表せるのであれば，上記の包含関係が成立する．

関数 $F(x_n, x_{n-1}, \cdots x_1)$ が，$A\, x_i \vee B$，あるいは $A\, \bar{x}_i \vee B$ のような極めて単純な式で x_i に依存していることが示されることは，この関数を扱っていく上で大変有用である．

以上のように，$F(x_n, x_{n-1}, \cdots, x_{i+1}, 0, x_{i-1}, \cdots, x_2, x_1)$ と $F(x_n, x_{n-1}, \cdots, x_{i+1}, 1, x_{i-1}, \cdots, x_2, x_1)$ の間の包含関係は，論理関数や論理式を扱う上で重要な意味を持つので，これらの間に包含関係を有する関数 $F(x_n, x_{n-1}, \cdots x_1)$ には，特別な呼び名が付けられており，「**変数 $\boldsymbol{x_i}$ についてユネイト**（unate）**である**」という．また特に x_i を 1 にした場合が 0 にした場合を包含する場合，「**変数 $\boldsymbol{x_i}$ について正**（positive）**である**」といい，逆に x_i を 0 にした場合が 1 にした場合を包含する場合，「**変数 $\boldsymbol{x_i}$ について負**（negative）**である**」という．またすべての入力変数についてユネイトである論理関数を**ユネイト関数**（unate function）と呼び，すべての入力変数について正である論理関数を**単調関数**（monotonic function）と呼ぶ．

例題 3.1

(1)　2 変数 x, y のあらゆる論理関数の中でユネイト関数となっているものと単調関数となっているものを見つけよ．

(2)　$F(x, y, z)$ が x について正である場合に次の関係が成り立つこと，逆に次式が一方でも成り立てば $F(x, y, z)$ が x について正であることを証明せよ．

$$\begin{aligned} F(a \vee b, y, z) &= F(a, y, z) \vee F(b, y, z) \\ F(a \cdot b, y, z) &= F(a, y, z) \cdot F(b, y, z) \end{aligned} \tag{3.12}$$

【解答】　(1)　まず 2 変数 x, y のあらゆる論理関数 $F(x, y)$ を表 3.1 の真理値表に示す．そして，この表の下の行に x, y, z の各変数について正か負かになっているかを

表 3.1　あらゆる 2 変数論理関数 $F(x,y)$ の真理値表

入力		$F(x,y)$（16 種類）の関数値															
x	y	f_1	f_2	f_3	f_4	f_5	f_6	f_7	f_8	f_9	f_{10}	f_{11}	f_{12}	f_{13}	f_{14}	f_{15}	f_{16}
0	0	0	1	0	0	0	1	1	1	0	0	0	1	1	1	0	1
0	1	0	0	1	0	0	1	0	0	1	1	0	1	0	1	1	1
1	0	0	0	0	1	0	0	1	0	1	0	1	1	1	0	1	1
1	1	0	0	0	0	1	0	0	1	0	1	1	0	1	1	1	1
x についての正負		正負	負	負	正	正	負	正負	—	—	正負	正	負	正	負	正	正負
y についての正負		正負	負	正	負	正	正負	負	—	—	正	正負	負	負	正	正	正負
ユネイト		○	○	○	○	○	○	○	—	—	○	○	○	○	○	○	○
単調		○	—	—	—	○	○	—	—	—	○	○	—	—	—	○	○

正負の記号で，ユネイト関数，単調関数になっているのかを○の記号で示す．そしてそれぞれの関数について NOT-AND-OR 形式を求めて，以上までに学んできたことを確認してみよう．

以上の 16 種の関数 $f_1 \sim f_{16}$ を NOT-AND-OR 形式で表すと次のようになる．

$f_1 = 0$　　変数 x, y の肯定型も否定型も含まない

$f_2 = \bar{x}\bar{y}$　　変数 x, y の肯定型を含まない

$f_3 = \bar{x}y$　　変数 x の肯定型と y の否定型を含まない

$f_4 = x\bar{y}$　　変数 x の否定型と y の肯定型を含まない

$f_5 = xy$　　変数 x の否定型と y の否定型を含まない

$f_6 = \bar{x}$　　変数 x の肯定型と y の肯定型と否定型を含まない

$f_7 = \bar{y}$　　変数 x の肯定型と否定型と y の肯定型を含まない

$f_8 = xy \vee \bar{x}\bar{y}$　　変数 x, y の肯定型と否定型を含む

$f_9 = x\bar{y} \vee \bar{x}y$　　変数 x, y の肯定型と否定型を含む

$f_{10} = y$　　変数 x の肯定型と否定型と y の否定型を含まない

$f_{11} = x$　　変数 x の否定型と y の肯定型と否定型を含まない

$f_{12} = \bar{x} \vee \bar{y}$　　変数 x の肯定型と y の肯定型を含まない

$f_{13} = x \vee \bar{y}$　　変数 x の否定型と y の肯定型を含まない

$f_{14} = \bar{x} \vee y$　　変数 x の肯定型と y の否定型を含まない

$f_{15} = x \vee y$　　変数 x の否定型と y の否定型を含まない

$f_{16} = 1$　　変数 x, y の肯定型も否定型も含まない

以上の各変数の肯定型，否定型の含まれ方と各変数についての正負の関係は，前述した内容と一致していることを確認できる．

(2)　$F(x,y,z)$ が x について正である場合には，$F(x,y,z)$ を NOT-AND-OR 形式で表した時に次の形式で表現できる．ここで A, B はそれぞれ x を含まず，y, z のみを含んでいる．

$$F(x, y, z) = A\ x \vee B$$

この式から次のようにして式 (3.12) が成り立つことを示すことができる．

$$\begin{aligned} F(a \vee b, y, z) &= A\ (a \vee b) \vee B = A\ a \vee A\ b \vee B \\ &= A\ a \vee B \vee A\ b \vee B \\ &= F(a, y, z) \vee F(b, y, z) \end{aligned}$$

$$\begin{aligned} F(a \cdot b, y, z) &= A\ (a \cdot b) \vee B = A\ a \cdot A\ b \vee A\ a \cdot B \vee A\ b \cdot B \vee B \cdot B \\ &= (A\ a \vee B) \cdot (A\ b \vee B) \\ &= F(a, y, z) \cdot F(b, y, z) \end{aligned}$$

なお上式の変形では，

$$AA = A, \quad BB = B, \quad AaB \vee B = B$$

などの関係を用いている．また逆に式 (3.12) の一方，例えば，

$$F(a \vee b, y, z) = F(a, y, z) \vee F(b, y, z)$$

が成り立つとしよう．これは a, b の値が何であっても成り立つから，特に $a = 1, b = 0$ とすれば，

$$F(1, y, z) = F(1, y, z) \vee F(0, y, z)$$

となる．ここで前章で式 (2.7) と包含関係が同値であることが示されていたことを思い起こせば，

$$F(1, y, z) = F(1, y, z) \vee F(0, y, z)$$

が成り立てば，

$$F(1, y, z) \geq F(0, y, z)$$

が成り立つことになり，$F(x, y, z)$ が x について正であることが言える． ■

3.2 自己双対関数と自己反双対関数

1章の定理1.2（ド・モルガンの定理の拡張）で示したように，NOT, AND, OR からなる N 変数の論理式 $F(x_N, x_{N-1}, \cdots x_1)$ に対して，$\overline{F(\bar{x}_N, \bar{x}_{N-1}, \cdots \bar{x}_1)}$ を作るとこれは元の論理式の AND と OR，および定数 0 と 1 を入れ替えたものになる．こうしてできる関数を元の関数 $F(x_N, x_{N-1}, \cdots x_1)$ の**双対関数** (dual function) といい，双対を意味する英語の「dual」の「d」を用いて $F_d(x_N, x_{N-1}, \cdots x_1)$ のように表記する．1章では，元の論理式の AND と OR，および定数 0 と 1 を入れ替えたものを双対な論理式と呼んでいたが，それを一般化して，関数 $F(x_N, x_{N-1}, \cdots x_1)$ が NOT，AND，OR の演算で構成された論理式でなくとも，次式で定義される関数を $F(x_N, x_{N-1}, \cdots x_1)$ の双対関数という．

$$F_d(x_N, x_{N-1}, \cdots x_1) = \overline{F(\bar{x}_N, \bar{x}_{N-1}, \cdots \bar{x}_1)} \tag{3.13}$$

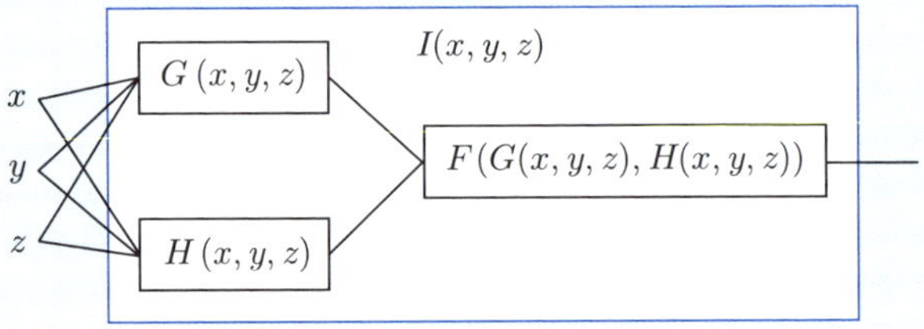

図 3.1　複数の論理関数の合成に対応する論理回路

さて，複雑な関数の双対関数を簡単に求めるにはどうしたらよいであろうか．どのような論理回路でも，それを複数の部分回路に分けて，元の回路よりは単純な複数の部分回路が組み合わせられてできていると見なすことができる．そこで，図3.1に示すように複数の論理回路が組み合わさって複雑な回路ができている場合について考えてみよう．こうしてできる回路に対応する論理関数 $I(x,y,z)$ は，組合せの要素となった各回路に対応する論理関数 $F(x,y), G(x,y,z), H(x,y,z)$ を次のように合成したものとなる．

$$I(x,y,z) = F(G(x,y,z), H(x,y,z)) \tag{3.14}$$

このように合成された論理関数 $I(x,y,z)$ の双対関数 $I_d(x,y,z)$ は，構成要素となった3つの論理関数 $F(x,y), G(x,y,z), H(x,y,z)$ のそれぞれの双対関数を次のように合成したものとなる．

$$I_d(x,y,z) = F_d(G_d(x,y,z), H_d(x,y,z)) \tag{3.15}$$

このことは図3.1の論理回路で考えるとわかりやすい．回路全体に渡ってANDとOR，および定数0と1を入れ替えることで，$I(x,y,z)$ から $I_d(x,y,z)$ ができる．ここで回路全体 $I(x,y,z)$ についてANDとOR，および定数0と1を入れ替えると，回路全体の構成要素である回路 $F(x,y), G(x,y,z), H(x,y,z)$ についても，ANDとOR，および定数0と1を入れ替えることになる．すると構成要素の各回路も個々に双対関数 $F_d(x,y), G_d(x,y,z), H_d(x,y,z)$ で表されるようになるのである．

あるいは式の上で次のように変形しても同じことを示すことができる．

$$\begin{aligned} I_d(x,y,z) &= \overline{I(\bar{x},\bar{y},\bar{z})} \\ &= \overline{H(F(\bar{x},\bar{y},\bar{z}), G(\bar{x},\bar{y},\bar{z}))} \\ &= \overline{H(\overline{F_d(x,y,z)}, \overline{G_d(x,y,z)})} = H_d(F_d(x,y,z), G_d(x,y,z)) \end{aligned} \tag{3.16}$$

複雑な論理関数の双対関数を求める必要がある場合には，その関数をより簡単な要素関数の合成として表し，各要素関数の双対関数を求めてから，それを合成するようにすると，簡単に求まる場合があるので，上記の関係を覚えておくとよい．

さてこうして論理関数 $F(x,y,z)$ の双対関数 $F_d(x,y,z)$ を求めたときに，それがたまたま元の関数に一致するとき，すなわち $F_d(x,y,z) = F(x,y,z)$ が成り立つ場合に，関数 $F(x,y,z)$ を**自己双対関数**（self-dual function）という．また双対関数 $F_d(x,y,z)$ が元の関数の否定型になっているとき，すなわち $F_d(x,y,z) = \overline{F(x,y,z)}$ が成り立つときに，関数 $F(x,y,z)$ を**自己反双対関数**（self-anti-dual function）という．

なお双対関数の双対関数を作ると，それが元の関数に一致することは自明であろう．

以上では双対関数を言葉で説明してきたが，以下の例題を通じて具体的に，双対関数と自己双対関数，自己反双対関数を体験するとさらに理解が深まるであろう．

例題 3.2

(1) 次の関数の双対関数を求めよ.

$$f(x,y,z) = (x\bar{y}z \vee \bar{x}\bar{z})(yz \vee \bar{x}\bar{y})$$

(2) 3変数 x, y, z のあらゆる論理関数の中で自己双対関数となっているものと自己反双対関数となっているものを見つけよ.

(3) 3つの論理関数 $F(x,y), G(x,y,z), H(x,y,z)$ がいずれも自己双対関数であるときに, 次式で合成される関数も自己双対関数であることを証明せよ.

$$I(x,y,z) = F(G(x,y,z), H(x,y,z))$$

(4) 任意の論理関数 $F(x,y,z)$ を用いて, 次式で $G(u,x,y,z)$ を作ると $G(u,x,y,z)$ が自己双対関数となることを示せ.

$$G(u,x,y,z) = uF(x,y,z) \vee \bar{u}F_d(x,y,z)$$

【解答】 (1) 演算の順序を変えずにANDをORに, ORをANDに変えると次式が得られる. これが双対関数である.

$$f_d(x,y,z) = (x \vee \bar{y} \vee z)(\bar{x} \vee \bar{z}) \vee (y \vee z)(\bar{x} \vee \bar{y})$$

(2) 自己双対関数 $f(x,y,z)$, 及び反自己双対関数 $g(x,y,z)$ は, それぞれ次式を満たすため, (x,y,z) に対する関数値を定めると $(\bar{x},\bar{y},\bar{z})$ に対する関数値も自動的に定まってしまう.

$$f(x,y,z) = \overline{f(\bar{x},\bar{y},\bar{z})} \qquad g(x,y,z) = g(\bar{x},\bar{y},\bar{z})$$

本来, 3つの入力変数 x, y, z は8通りの値の組合せを取ることができ, 論理関数はその各々に0か1かの出力値を定義できるが, 自己双対関数, 及び反自己双対関数では, そのうちの4通りにしか出力値を独立に指定できない. したがって, 3変数の自己双対関数, 及び反自己双対関数の種類は, それぞれ 2^4 乗通り, 16種類あることになる. これらの関数を真理値表で示すと表3.2, 3.3の通りである.

(3) 複数の関数から合成した関数の双対関数は各関数の双対関数を合成したものとして得られるが, 各関数が自己双対関数であることから次式のようになり, 合成した関数についても, 双対関数が自己と一致することがわかる.

$$I_d(x,y,z) = F_d(G_d(x,y,z), H_d(x,y,z)) = F(G(x,y,z), H(x,y,z)$$

(4) 次のように式変形することにより $G(u,x,y,z)$ が自己双対関数となることを証明できる. なおこの証明では, $G(u,x,y,z)$ を合成関数とみて, 合成関数の双対関数の公式を利用している. また u が0と1のいずれの値を取っても, $F(x,y,z)F_d(x,y,z) \leq uF(x,y,z) \vee \bar{u}F_d(x,y,z)$ の包含関係が成り立つことを使って最終行の結果を得ていることに注意して欲しい.

$$
\begin{aligned}
G_d(u,x,y,z) &= (u \vee F_d(x,y,z))(\bar{u} \vee F(x,y,z)) \\
&= uF(x,y,z) \vee \bar{u}F_d(x,y,z) \vee F(x,y,z)F_d(x,y,z) \\
&= uF(x,y,z) \vee \bar{u}F_d(x,y,z) \\
&= G(u,x,y,z)
\end{aligned}
$$
■

表 3.2　あらゆる 3 変数自己双対関数 $f(x,y,z)$ の真理値表

入力			$f(x,y,z)$ （16 種類）の関数値															
x	y	z	f_1	f_2	f_3	f_4	f_5	f_6	f_7	f_8	f_9	f_{10}	f_{11}	f_{12}	f_{13}	f_{14}	f_{15}	f_{16}
0	0	0	0	1	0	0	0	1	1	1	0	0	0	1	1	1	0	1
0	0	1	0	0	1	0	0	1	0	0	1	1	0	1	0	1	1	1
0	1	0	0	0	0	1	0	0	1	0	1	0	1	1	1	0	1	1
0	1	1	0	0	0	0	1	0	0	1	0	1	1	0	1	1	1	1
1	0	0	1	1	1	1	0	1	1	0	1	0	0	1	0	0	0	0
1	0	1	1	1	1	0	1	1	0	1	0	1	0	0	0	1	0	0
1	1	0	1	1	0	1	1	0	1	1	0	0	1	0	1	0	0	0
1	1	1	1	0	1	1	1	0	0	0	1	1	1	0	0	0	1	0

表 3.3　あらゆる 3 変数反自己双対関数 $g(x,y,z)$ の真理値表

入力			$g(x,y,z)$（16 種類）の関数値															
x	y	z	g_1	g_2	g_3	g_4	g_5	g_6	g_7	g_8	g_9	g_{10}	g_{11}	g_{12}	g_{13}	g_{14}	g_{15}	g_{16}
0	0	0	0	1	0	0	0	1	1	1	0	0	0	1	1	1	0	1
0	0	1	0	0	1	0	0	1	0	0	1	1	0	1	0	1	1	1
0	1	0	0	0	0	1	0	0	1	0	1	0	1	1	1	0	1	1
0	1	1	0	0	0	0	1	0	0	1	0	1	1	0	1	1	1	1
1	0	0	0	0	0	0	1	0	0	1	0	1	1	0	1	1	1	1
1	0	1	0	0	0	1	0	0	1	0	1	0	1	1	1	0	1	1
1	1	0	0	0	1	0	0	1	0	0	1	1	0	1	0	1	1	1
1	1	1	0	1	0	0	0	1	1	1	0	0	0	1	1	1	0	1

3.3 対称関数

論理関数 $F(x_n, x_{n-1}, \cdots x_i, \cdots, x_j, \cdots x_2, x_1)$ において，入力変数 x_i と入力変数 x_j の値を入れ替えても関数値が変わらないときに，論理関数 $F(x_n, x_{n-1}, \cdots x_i, \cdots, x_j, \cdots x_2, x_1)$ は **x_i と x_j について対称**（symmetric）であるという．そしてどの2変数についても対称な論理関数を**対称関数**（symmetric function）という．例えば，次の関数はいずれも対称関数である．

$$\begin{aligned} F(x,y,z) &= x \vee y \vee z \\ F(x,y,z) &= x \cdot y \cdot z \\ F(x,y,z) &= x \oplus y \oplus z \\ F(x,y,z) &= xy \vee yz \vee zx \end{aligned} \tag{3.17}$$

以上の例は，x, y, z のどの2つを入れ替えても，交換律により元の式の形態に戻すことができるので値は変わらないことを確認できる．また実際，見かけの上でも x, y, z が対等に関数値に関与していることがわかる．

例題 3.3

(1)　3変数 x, y, z のあらゆる論理関数の中で対称関数となっているものをすべて上げよ．

(2)　3変数 x, y, z のあらゆる論理関数の中に自己双対関数でかつ対称関数となっている関数はあるか．あったら具体的な式の形を求めよ．

(3)　3変数 x, y, z のあらゆる論理関数の中に単調関数でかつ対称関数となっている関数はあるか．あったら具体的な式の形を求めよ．

【解答】 (1)　対称関数では，入力変数間で値を交換しても関数値が変わらないので，入力変数値の組の中の1の個数が同じであれば，その並び方が変わっても関数値は同じになる．したがって，関数値は，入力変数値の組の中の1の個数に対してだけ独立に指定できる．入力変数の数が3個である場合には，1となる変数の数は，0個，1個，2個，3個の4通りしかないので，これらの4通りに対して出力値を0か1に指定する組合せとして，2^4 乗通り，すなわち16通りの対称関数を作ることができる．これらの16通りの対称関数を真理値表で表すと次のようになる．もちろんこの真理値表に基づき NOT-AND-OR 形式などの論理式でも表すこともできる．

(2)　表3.4の中で $f(x,y,z) = \overline{f(\bar{x}, \bar{y}, \bar{z})}$ の関係を満たす関数は，f_4, f_6, f_{11}, f_{13} の4通りである．これらを NOT-AND-OR 形式で表すと次のようになる．

$$f_4 = \bar{x}\bar{y} \vee \bar{x}\bar{z} \vee \bar{y}\bar{z}$$

$$f_6 = \bar{x}\bar{y}\bar{z} \vee \bar{x}yz \vee x\bar{y}z \vee xy\bar{z}$$

$$f_{11} = xyz \vee \bar{x}\bar{y}z \vee \bar{x}y\bar{z} \vee x\bar{y}\bar{z}$$

$$f_{13} = xy \vee xz \vee yz$$

(3) 表 3.4 の中で単調関数の条件を満たす関数は，$f_1, f_9, f_{13}, f_{15}, f_{16}$ の 5 通りである．これらを NOT-AND-OR 形式で表すと次のようになる．

$$f_1 = 0$$

$$f_9 = xyz$$

$$f_{13} = xy \vee xz \vee yz$$

$$f_{15} = x \vee y \vee z$$

$$f_{16} = 1$$

■

表 3.4 あらゆる 3 変数対称関数 $f(x, y, z)$ の真理値表

入力			$f(x,y,z)$（16 種類）の関数値															
x	y	z	f_1	f_2	f_3	f_4	f_5	f_6	f_7	f_8	f_9	f_{10}	f_{11}	f_{12}	f_{13}	f_{14}	f_{15}	f_{16}
0	0	0	0	1	0	1	0	1	0	1	0	1	0	1	0	1	0	1
0	0	1	0	0	1	1	0	0	1	1	0	0	1	1	0	0	1	1
0	1	0	0	0	1	1	0	0	1	1	0	0	1	1	0	0	1	1
0	1	1	0	0	0	0	1	1	1	1	0	0	0	0	1	1	1	1
1	0	0	0	0	1	1	0	0	1	1	0	0	1	1	0	0	1	1
1	0	1	0	0	0	0	1	1	1	1	0	0	0	0	1	1	1	1
1	1	0	0	0	0	0	1	1	1	1	0	0	0	0	1	1	1	1
1	1	1	0	0	0	0	0	0	0	0	1	1	1	1	1	1	1	1

3.4 線形関数

次の形式の関数を**線形関数**（linear function）という．

$$F(x_N, x_{N-1}, \cdots x_1) = a_N x_N \oplus a_{N-1} x_{N-1} \oplus \cdots \oplus a_2 x_2 \oplus a_1 x_1 \oplus a_0 \tag{3.18}$$

この関数は論理関数の一種であるが，ブール代数には，**ユークリッド距離**（Euclid distance）や**方向**（orientation）といった幾何学的な概念がなく，ブール代数で扱う限りにおいては，実際のところ「線形」という名称はふさわしくない．一方 EXOR と AND はそれぞれ有限体 $GF(2)$ の加算と乗算になっているので，この関数を有限体 $GF(2)$ で扱う場合は，ベクトルの各要素の値として 0 と 1 の 2 つの値だけを持つ多次元のベクトルの空間で幾何学の概念を利用することができる．例えば，$GF(2)$ の演算体系を用いて，この多次元のベクトルの空間に**内積**（inner product）を導入し，内積が 0 となる 2 つのベクトルは**直交**（orthogonal）していると考えれば，ベクトル間の方向を議論できるようになる．そして，この空間に，幾何の座標軸に相当する**基底ベクトル**（base vector）を導入できるようになる．そのようにしてできる N 次元の**ベクトル空間**（vector space）を $GF(2)^N$ と記す．

$GF(2)^2$ は 2 つの座標軸 x_1, x_2 を持つ平面を表す．そしてその平面上の直線は次式で表される．

$$a_2 x_2 \oplus a_1 x_1 \oplus a_0 = 0 \tag{3.19}$$

また $GF(2)^3$ は 3 つの座標軸 x_1, x_2, x_3 を持つ 3 次元空間を表す．そしてこの 3 次元空間内の平面は次式で表される．

$$a_3 x_3 \oplus a_2 x_2 \oplus a_1 x_1 \oplus a_0 = 0 \tag{3.20}$$

4 次元以上の空間になるとその中の平面を幾何学的にイメージすることが難しいが，多次元空間内の平面は**超平面**（hyper plane）と呼ばれている．そして $GF(2)^N$ の超平面は次式で表される．

$$a_N x_N \oplus \cdots \oplus a_2 x_2 \oplus a_1 x_1 \oplus a_0 = 0 \tag{3.21}$$

この超平面の法線方向を表すベクトルは，$(a_N, a_{N-1}, \cdots a_1)$ であり，超平面が原点からどの程度離れているのかが a_0 によって表される．

以上から，線形関数は，入力変数値の組を表すベクトル $(x_N, x_{N-1}, \cdots x_1)$ が表す $GF(2)^N$ 上の点が，上記の超平面上にあるときには，0 の値を取り，超平面上にないときには 1 の値を取る関数であることがわかる．

なお線形関数は，自己双対関数か，自己反双対関数のいずれかであることが次の例題を通じて明らかになる．

例題 3.4

(1) 線形関数が自己双対関数か，自己反双対関数のいずれかであることを証明せよ．

(2) 3変数 x, y, z のあらゆる論理関数の中で線形関数となっているものは何通りあるか．

(3) 3変数 x, y, z の線形関数の中に x についてユネイトな論理関数はあるか．ある場合には，それを具体的な式で表せ．

【解答】 (1) 線形関数 $F(x_N, x_{N-1}, \cdots\ x_1)$ が次のいずれかを満たすことを示せばよい．

$$F(x_N, x_{N-1}, \cdots x_1) = \overline{F(\bar{x}_N, \bar{x}_{N-1}, \cdots \bar{x}_1)}$$

$$F(x_N, x_{N-1}, \cdots x_1) = F(\bar{x}_N, \bar{x}_{N-1}, \cdots \bar{x}_1)$$

そこで $\bar{x} = x \oplus 1$ が成り立つことを使って次のように式変形を行う．

$$\begin{aligned} F(\bar{x}_N, \bar{x}_{N-1}, \cdots \bar{x}_1) &= a_N\bar{x}_N \oplus \cdots \oplus a_2\bar{x}_2 \oplus a_1\bar{x}_1 \oplus a_0 \\ &= a_N(x_N \oplus 1) \oplus \cdots \oplus a_2(x_2 \oplus 1) \oplus a_1(x_1 \oplus 1) \oplus a_0 \\ &= a_N x_N \oplus \cdots \oplus a_2 x_2 \oplus a_1 x_1 \oplus a_N \oplus \cdots \oplus a_2 \oplus a_1 \oplus a_0 \end{aligned}$$

上式の $a_N \oplus \cdots \oplus a_2 \oplus a_1$ の部分がもしも 0 となるのであれば，上式は $F(x_N, x_{N-1}, \cdots x_1)$ と一致するから，$F(x_N, x_{N-1}, \cdots x_1)$ は自己反双対関数になっていることがわかる．またこの部分がもしも 1 となるのであれば，上式は $\overline{F(x_N, x_{N-1}, \cdots x_1)}$ と一致するから，$F(x_N, x_{N-1}, \cdots x_1)$ は自己双対関数になっていることがわかる．

(2) 3変数 x, y, z の線形関数：$f(x, y, z) = a_3x \oplus a_2y \oplus a_1z \oplus a_0$ は，係数 (a_3, a_2, a_1, a_0) が異なると異なる論理関数となる．4つの係数はそれぞれ 0 と 1 を独立に取るから組合せとして 2^4 乗通り，すなわち 16 通りの異なる値の組合せを取り，そのそれぞれが異なる論理関数となる．したがって 3 変数のあらゆる論理関数 256 通りの中の 16 通りが線形関数となっている．

(3) 3変数 x, y, z の線形関数：$f(x, y, z) = a_3x \oplus a_2y \oplus a_1z \oplus a_0$ は，$a_3 = 0$ のときは，x に依存しなくなってしまうので，$a_3 = 1$ の場合について考えることにする．すると $f(0, y, z) = a_2y \oplus a_1z \oplus a_0$，$f(1, y, z) = 1 \oplus a_2y \oplus a_1z \oplus a_0 = \overline{a_2y \oplus a_1z \oplus a_0} = \overline{f(0, y, z)}$ となる．一般にある関数とその関数の否定を取ったものの間には，その関数が定数でない限り包含関係が存在しないので，$a_2 = a_1 = 0$ として $f(0, y, z)$ が定数となる場合にだけ，$f(x, y, z) = a_3x \oplus a_2y \oplus a_1z \oplus a_0$ は x についてユネイトとなる．しかしその場合，y, z に依存しない x だけの線形関数となるので x についてユネイトかどうかを議論しても意味はない．■

3.5 多数決関数と閾値関数

最後に応用上使われることが多い論理関数として，**多数決関数**（majority function）と**閾値関数**（threshold function）を紹介しよう．両者は似た関数であるが用途は異なる．入力変数が N 個あるときに，その中には 0 の値を取るものと 1 の値を取るものがある．多数決関数と閾値関数はいずれも 1 の値を取る変数が何個あるのかということに基づいて関数値を決定する．1 の個数だけを問題にして，どの変数が 1 の値を取るかということまで問わない．このことから，多数決関数と閾値関数はいずれも対称関数であることが言える．

まず多数決関数は，入力変数が N 個あるときに，その中に 0 の値を取る変数の数と 1 の値を取る変数の数を比較して，1 の値を取る変数の数が 0 の値を取る変数の数よりも多いか等しい場合に 1 を出力し，少ない場合には 0 を出力する．

また閾値関数は，入力変数が N 個あるときに，その中で 1 の値を取る変数の数を調べて，その個数が**閾値**（threshold）T を超えるか等しい場合に 1 を出力し，超えない場合に 0 を出力する．閾値 T の値は 0 から N の範囲で別途指定しておく．N が偶数の場合には，$T = N/2$，N が奇数の場合には，$T = (N+1)/2$ とすることによって，閾値関数は多数決関数に一致する．したがって，多数決関数は閾値関数の特殊な場合ということができる．

以上の説明からわかることは，多数決関数と閾値関数は，いずれも入力変数の値が 1 になると出力も 1 になる機会が増すということである．したがって，ある変数の値が 0 から 1 に変わった時に，関数値が 0 から 1 に変わったり，変わらなかったりする場合はあっても，関数値が 1 から 0 に変わることはあり得ない．このことから，多数決関数と閾値関数はいずれも単調関数であると言える．

実は，対称でかつ単調な関数は，閾値関数またはその特殊な場合として多数決関数しか存在し得ない．まず対称関数であるということは，入力変数中のどの 2 変数の値を入れ替えても関数値が変わらないということであり，それは，入力変数中の 1 の値を持つ変数の個数だけに依存して関数値が定まるということと同値である．そして単調関数であるということは，入力変数中の 1 の値を持つ変数の個数が増えたときに，関数値が 1 から 0 に変わることはなく，関数値は変わらないか，0 から 1 に変わるかのいずれかとなることと同値である．したがって，入力変数中の 1 の値を持つ変数の個数を 1 つずつ増やしていくときに，関数値は最初から最後まで 0 または 1 の一定値のまま変わらないか，最初のうちは 0 でどこかで 1 に変わってその後は 1 の値を取り続けるかのいずれかになる．前者の場合，関数値が 0 を取り続ける場合は閾値が N，1 を取り続ける場合は閾値が 0 の閾値関数であると言える．また，後者の場合には，1 の値を持つ入力変数の個数が幾つになった時に関数値が 0 から 1 に変わるか調べると，その変わった時に 1 の値を持つ入力変数の個数が閾値であると言える．

例題 3.5

(1)　3 変数 x, y, z の多数決関数と閾値 1 の閾値関数を NOT-AND-OR 形式の論理式で表せ．

(2)　3 変数 x, y, z の閾値関数の中で自己双対関数となっているものと自己反双対関数となっているものを見つけよ．

(3)　3 変数 x, y, z の閾値関数の中に線形関数となっているものはあるか．

【解答】 (1)　3 変数の多数決関数は閾値 2 の閾値関数と同じであるので次式で表すことができる．

$$F(x, y, z) = xy \vee xz \vee yz$$

また閾値 1 の閾値関数はすべての変数が 0 となる場合以外には 1 となる関数であるので次式で表すことができる．

$$F(x, y, z) = x \vee y \vee z$$

(2)　閾値 0 の閾値関数と閾値 4 の閾値関数はそれぞれ定数 1 と定数 0 であるので双対関数はそれぞれ定数 0 と定数 1 であり，自己双対関数にはならないが反自己双対関数となる．また閾値 1 の閾値関数 $F(x, y, z) = x \vee y \vee z$ の双対関数は $F_d(x, y, z) = xyz$ となるので自己双対関数と反自己双対関数のいずれにもならない．さらに閾値 2 の閾値関数 $F(x, y, z) = xy \vee xz \vee yz$ の双対関数は $F_d(x, y, z) = (x \vee y)(x \vee z)(y \vee z) = xy \vee xz \vee yz$ となるので自己双対関数となる．一般に変数の数が幾つであっても，多数決関数は，入力変数の値をすべて反転させると 1 の値を取る変数の数と 0 の値を取る変数の数が逆転するので関数値も反転し，自己双対関数となる．

(3)　閾値関数は，単調関数であるが，線形関数は定数の場合か，1 変数からできている場合を除き，単調関数とならないので，定数となる閾値 0 か 4 の閾値関数が線形関数となる．■

3章の問題

□**1**　閾値3の閾値関数$F_3(x_5,x_4,x_3,x_2,x_1)$と閾値2の閾値関数$F_2(x_5,x_4,x_3,x_2,x_1)$の AND を取るとどのような関数になるか，また OR を取るとどのような関数になるか答えよ．

□**2**　$(xy \oplus \bar{y}z) \vee \bar{z}$ が x，y，z のそれぞれについてユネイトであるかどうか判定せよ．

□**3**　x，y，z の 3 つの変数からなる関数で自己双対でかつ 3 つの変数について対称な関数を NOT-AND-OR 形式ですべて示せ．

□**4**　線形関数 $f(x_3,x_2,x_1) = a_3x_3 \oplus a_2x_2 \oplus a_1x_1 \oplus a_0$ の双対関数が線形関数となることを証明せよ．

□**5**　3 変数の関数 $f(x,y,z)$ の範囲で次の関数の具体例を 1 つ示せ．ただし同じ関数を 2 回以上解答に用いないこと．また x,y,z の 3 つの変数のすべてに依存する関数の中から求めよ（x だけからなる関数や定数だけからなる関数は除外する）．

(1)　$xy \vee \bar{z}$ の双対関数．

(2)　ユネイト関数

(3)　単調関数

(4)　自己双対関数で $f(0,0,0) = f(1,0,0) = f(1,0,1) = f(1,1,0) = 0$ を満たすもの．

(5)　対称関数

(6)　線形関数

(7)　閾値 2 の閾値関数

第４章

論理回路の設計方法

２章では，任意の論理関数を，各種形式で表現する方法を学んだ．これらの方法を用いれば，表現したい論理関数に対して，それを実現する論理回路を，一定の手順に従って一意に構成することができる．しかしながら，いずれの方法も効率よく論理関数を実現しているとは限らない．本章では，論理回路をできるだけ少ない基本論理素子で簡単に，そして効率よく構成するための設計方法を紹介する．

4.1 簡単化に用いる基本公式とハミング距離，包含関係

論理回路の簡単化は難しそうに思えるかもしれないが，実は，本書の簡単化の手法の原理はすべて，次のただ1つの単純な公式に帰着する．

$$x \cdot A \vee \bar{x} \cdot A = A \tag{4.1}$$

上式で A はどんな論理式であっても構わない．複数の変数や定数を含む任意の項でよい．この式が成り立つことは分配律を使えばすぐに確認できる．この式をいかに組織的に適用して論理式を簡単にしていくのかが論理回路の簡単化のポイントとなる．上式を一度適用するだけで，2つの項，$x \cdot A$ と $\bar{x} \cdot A$ をまとめて1つにでき，また x も減るので論理式は一気に簡単になるのである．

上式を簡単化に利用していく前に，上式中の各項の間に以下の関係があることに注意する必要がある．

(1) **包含関係と簡単化**：上式の左辺の2つの項，$x \cdot A$ と $\bar{x} \cdot A$ はこれらをまとめてできる右辺の項，A に包含される．すなわちまとめられて簡単になる項は，まとめてできる項に包含される．言い方を変えれば，まとめてできる項に包含される項は，まとめた項によって表現され得るので不要となり，削除して表現を簡単化できることになる．論理回路の簡単化では，常に項の間の包含関係に注意して，包含される項を除去して簡単化することが基本方針となる．

(2) **近傍関係と簡単化**：上式で左辺の2つの項，$x \cdot A$ と $\bar{x} \cdot A$ の差異は x と $\bar{x}$ の部分だけであり，違いはわずかである．したがって，上式を適用して，まとめて簡単化できる2つの項を見つける場合には，差異がわずかで似た項を探すことになる．この探索を効率よく行うためには，対象となる項を並び替えて，差異がわずかな項を近くに，差異が大きな項を遠くに配置すればよい．そうすれば，あらゆる組合せを試すことなく，近くの項だけを探す近傍探索によって，上式でまとめることのできる2つの項を，能率よく見つけることができる．論理回路の簡単化では，簡単化に要する計算量が組合せ的に爆発することを回避するために，項間の近傍関係を利用することが不可欠である．

論理回路の簡単化では，以上の (1) と (2) を考慮しながら，式 (4.1) を組織的に適用して，論理式を簡単化していくことになる．

なお要素が0と1の2値のベクトルの近傍関係を定量化する距離尺度として，

次に定義するハミング距離がよく使われる．

定義 4.1（ハミング距離（Hamming Distance））

要素が 0 と 1 のいずれかの値を取る 2 つのベクトルについて，対応する位置にある要素の値を比較したときに，異なる値を持つ要素の数を，それらのベクトルの間の**ハミング距離**と呼ぶ．

この先に関しては，簡単化の対象となる論理式が極小項表現で表されているものとして，説明を進めていくことにする．その場合，式 (4.1) の A は肯定型または否定型の変数が AND で結びつけられた形式の論理式となる．そのような形式を以下 NOT-AND 形式と呼ぶことにする．また NOT-AND 形式の項のことを，簡単に NOT-AND 項と呼ぶことにする．教科書によっては，これを積項と呼んだり，AND 項と呼んだりするが，2 章で説明した NOT-AND-OR 形式の名称の由来と一貫性を保つためには，ここでは NOT-AND 項と呼ぶことにする．

一般論を展開すると標記が複雑となるので，具体例として，表 4.1 の真理値表で定義された論理関数 $F(x,y,z)$ を用いて説明することにする．変数の数が 3 個に限定された場合に関する説明となるが，説明中には 3 個の例に特化した部分はどこにもないので，同様の説明や方法が，変数の多い任意の関数に対して通用することがわかるであろう．

説明を簡単にするために，例えば，入力変数の値の組 $(x,y,z)=(0,1,0)$ に対して 1 となる極小項 $\bar{x}y\bar{z}$ を単に「$(0,1,0)$ に対する極小項」と呼ぶことにする．表 4.1 に各入力変数の値の組に対する極小項を示す．また図 4.1 に，3 変数

表 4.1 論理関数 $F(x,y,z)$ の真理値表と極小項

x	y	z	$F(x,y,z)$	極小項
0	0	0	0	$\bar{x}\bar{y}\bar{z}$
0	0	1	*	$\bar{x}\bar{y}z$
0	1	0	1	$\bar{x}y\bar{z}$
0	1	1	1	$\bar{x}yz$
1	0	0	1	$x\bar{y}\bar{z}$
1	0	1	0	$x\bar{y}z$
1	1	0	*	$xy\bar{z}$
1	1	1	*	xyz

x, y, z のあらゆる値の組に対する極小項と，それに式 (4.1) を適用してできる NOT-AND 項との間の包含関係をグラフにして示す．1 章で定義したルールに従い，包含関係のある項間に枝を張り，包含する側を包含される側より上に配置する．極小項は，包含関係の意味では，定数 0 に準じて小さいので，このグラフの最も下（最下層）に配置される．

グラフの最下層には 3 変数 x, y, z に関するあらゆる極小項が配置されているが，その中から，1 つの変数だけが否定型と肯定型の異なる型になっているが，それ以外の変数は同じ型になっている 2 つの極小項を選び，式 (4.1) で統合すると，統合してできた NOT-AND 項は，統合された 2 つの極小項を包含する．そこで，図 4.1 では，統合してできた NOT-AND 項は，その元となった 2 つの極小項よりも上に配置され，2 つの極小項のそれぞれと枝でつながれる．そして，こうして極小項をまとめてできた NOT-AND 項に対して，さらに式 (4.1) を適用して，次々と包含関係の意味で大きな NOT-AND 項を作っていく．

この手続きをそれ以上統合ができなくなるまで繰り返してできた図 4.1 のグラフには，3 つの変数 x, y, z のすべてか，一部からなる NOT-AND 項が，定数 0 と 1 を除いてすべて現れている．そして，このグラフによって，それらの項の間の包含関係が完全に示されている．

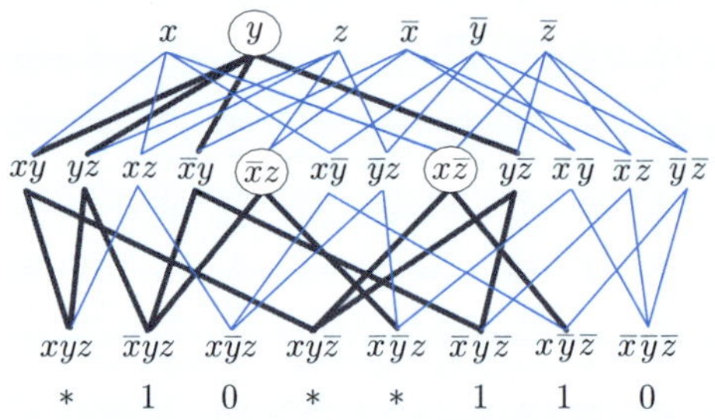

図 4.1　3 つの変数 x, y, z のすべてか，一部でできる NOT-AND 項の間の包含関係

この図を見ながら，先の「(1) 包含関係と簡単化」に記載したことを確認してみよう．図 4.1 の極小項の下には，その極小項に対応する入力変数値の組合せに対して表 4.1 で定義されている関数値（0，1 またはドントケア $*$）が示されている．関数を極小項表現で表す場合には，関数値 1 に対応する極小項を OR でつなげばよい．ドントケアは 0 と 1 のどちらに解釈してもよいが，用いる極

小項の数を最小にするには，ドントケアを 0 の値の方に定めて，その極小項は利用しない方がよい．しかしながら，式 (4.1) で簡単化する場合には，ドントケアを 1 の値の方に定めて極小項の数を増やし，式 (4.1) の左辺で統合するための対となる項が現れる機会を高めた方がよい場合がある．

具体的に，そうした場合も考慮しながら，図 4.1 を使って極小項表現を簡単化してみよう．図 4.1 には，すべての極小項が記載されているが，式 (4.1) を適用する際に，関数値 1 に対する極小項は必ず使い，ドントケアは，簡単化に有利な場合のみ，1 の方に解釈して，その極小項も使うようにする．関数値 0 に対する極小項は使わない．そして，使うことになった極小項についてのみ，式 (4.1) で統合する．さらに統合によってできた NOT-AND 項についても，式 (4.1) を適用できるものがあれば統合を進めていく．しかしながら，実際にこの作業を行おうとすると，どのドントケアを 1 とすると簡単化に有利となるか，判断することが極めて難しいことに気が付く．統合の過程をグラフの煩雑な枝で表したのでは，簡単化の見通しを立てることが難しいのである．人にとって簡単化の見通しを立てやすくするために，あるいは計算機にとって計算の効率を上げるために，「(2) 近傍関係と簡単化」に述べた近傍関係を利用することが重要となる．

式 (4.1) でまとめ上げることができる対となる 2 つの極小項は，1 つの変数だけが一方で肯定型，他方で否定型となって異なるが，他の変数はどちらの極小項でも同じ肯定型または否定型を取りながら AND で結び付けられているものである．このように形態が似た NOT-AND 項が統合されて簡単化できる可能性が高い．そこで以下では，NOT-AND 項の形態の類似性を評価する尺度を導入する．

極小項を構成するある変数が肯定型と否定型のどちらになるのかは，その極小項に対応する入力変数値の組において，その変数が 1 と 0 のどちらの値を取るのかによって決まる．したがって，1 つの変数だけが，一方で肯定型，他方で否定型となって異なる型を取るが，他の変数については型が同じになっている 2 つの極小項は，対応する入力変数値の組において，1 つの変数の値だけが異なる．これは対応する入力変数値の組の間のハミング距離が 1 であることに相当し，このハミング距離を NOT-AND 項の近さを評価する尺度として利用できることを意味している．そこで今後，「極小項に対応する入力変数値の組の間のハミング距離」を簡単に「極小項の間のハミング距離」と呼ぶことにする．

図 4.1 では極小項を最下層として，層を上がるにつれて NOT-AND 項の変数

の数が1つずつ減っていく．変数の数が減っても，同じ変数から構成されて，肯定型と否定型の取り方だけが異なるNOT-AND項については，その項の値を1とする入力変数値の組に対してハミング距離を考えることができる．このハミング距離を「NOT-AND項間のハミング距離」と呼ぶことにすると，グラフの途中の階層のNOT-AND項についても，ハミング距離が1離れたNOT-AND項は，式(4.1)を適用して統合することができる．

「(2) 近傍関係と簡単化」に述べた指針によれば，近傍探索で効率的に統合できる項を見つけるために，ハミング距離が1離れたNOT-AND項が近傍に来るように配置したいところであるが，図4.1で，NOT-AND項を1次元的に並べる限り，ハミング距離が1離れた項をすべて近傍に置くことは困難であることがわかる．そのため，図4.1では，離れた項でも結ぶことのできる枝を使って，どの項とどの項を統合できるのか示している．枝は煩雑となり，簡単化の見通しを立てにくい．この問題を打開するために，次節に紹介するカルノー図では，NOT-AND項の配置を2次元化することによって，ハミング距離が1離れたNOT-AND項を近傍に配置しやすくしている．

さて，再び図4.1に戻って，極小項表現の簡単化の検討を続けよう．どのドントケアを1とすると後々簡単化に有利になるのか，見通しを付けにくいので，最初は，式(4.1)の左辺で対となる相手が存在する機会を高めるために，ドントケアはすべて1と見なすことにする．そして，ドントケアも含めた関数値1に対応する極小項の中から，式(4.1)の左辺の対となる項を統合する．統合してできた項に対しても，さらに式(4.1)を適用して統合を進める．統合してできるNOT-AND項は元のNOT-AND項を包含するから，この統合のプロセスは図4.1の包含関係を示す枝に沿って進んでいくことになる．統合の過程がわかるように図4.1には，統合に関わった枝を太く表示している．

こうしてドントケア，及び関数値1に対応する極小項に対して統合を進めて，それ以上，統合を進められなくなった最上位の項を**主項**（prime implicant）と呼ぶ．ともかく主項を見つける際にはドントケアは1として統合を進めることに注意しよう．なお，包含関係を表すグラフで上の層にある項は下の層にある項に対して上位にあるという．図4.1では主項を丸で囲って示している．主項から下方向に枝を辿っていくとその主項が包含している極小項を確認することができる．ある主項に包含されている極小項はその主項で代替できるので「主項が包含している極小項」のことを，「主項が表現している極小項」と呼ぶ．

最初は見通しが立たなかったために，取り敢えずドントケアをすべて1にしてしまったが，そうすると，本来の関数値 1 に対する極小項のみを表現するのには不要な主項ができているかもしれない．また同じ極小項を冗長に表現している主項があるかも知れない．そこで上記の手続きで見つけた主項に無駄なものがないか確認する．ここで無駄とは，「他の主項で既に表されている極小項またはドントケアの極小項の表現のみに寄与していること」をいう．この無駄の確認のために用いるのが図 4.2 の**包含図**（implication figure）である．主項を見つける過程では，ドントケアを 1 の方に解釈して作業を進めたが，包含図では，本当に表す必要がある極小項，すなわち関数値が 1 となる変数値の組に対する極小項のみを対象とする．そして関数値が 1 となる変数値の組に対する極小項と主項の間に包含関係があることを図 4.2 に示すように極小項に対応する縦線と主項に対応する横線の交差点に丸印を付けて示す．今度はドントケアを 0 の方に解釈して，この図を見ながら，関数値 1 に対する極小項をすべて包含するように，最小個数のできるだけ上位にある主項を選ぶ．こうして選ばれた主項を OR でつないで得られる次の論理式が，元の極小項表現を NOT-AND-OR 形式で簡単化した論理式となるのである．なお簡単化した論理式は一通りに定まるとは限らない．同程度に簡単な論理式が複数存在する場合もある．

$$F(x, y, z) = y \vee x\bar{z} \tag{4.2}$$

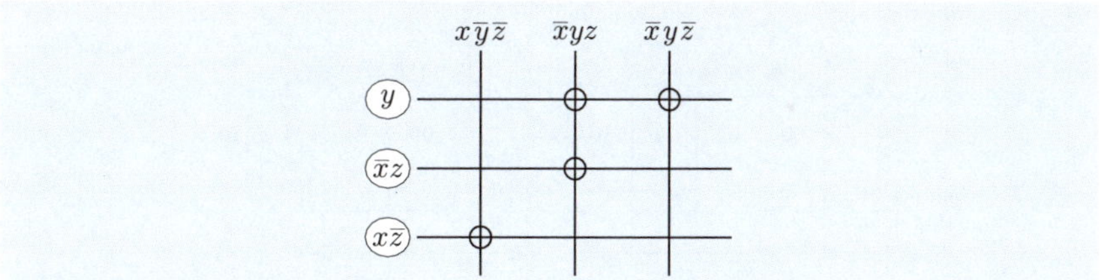

図 4.2 関数値 1 に対する極小項と主項の間の包含図

4.2 人が簡単化する場合に適した方法：カルノー図

この節では，前節で紹介した簡単化の原理を，人が項間のハミング距離や包含関係を目で見て把握しながら，手作業で実践するのに適した方法を説明する．そこで鍵となるのがカルノー（M. Karnaugh）によって発明された**カルノー図**（Karnaugh map）である．カルノー図では，NOT-AND 形式の論理式（NOT-AND 項）の包含関係が実際に図の上で囲む領域の幾何学的な包含関係として一目で確認できるようになっている．したがって前節の「(1) 包含関係と簡単化」は直観的に把握できる．また「(2) 近傍関係と簡単化」に従い，ハミング距離が1離れた NOT-AND 項が隣接して配置されるように工夫されている．前節のように1次元に配置したのでは，すべての隣接関係を表現できないため，カルノー図では極小項が2次元的に配置されている．ただし変数の数がさらに増えると，2次元にしても，ハミング距離が1離れた項をすべて隣接するように配置することは困難となる．そこで，「隣接」に準じて直観的に把握しやすい「鏡像の位置」にもハミング距離が1離れた項を配置するようにしている．

こうした優れた特徴を備えたカルノー図の具体例を図 4.3 に示す．まず入力変数を，2つのグループに分けて，2次元の表の縦軸と横軸にそれぞれの入力変数の値の組を記すようにする．例えば，入力変数が x_4, x_3, x_2, x_1 の4個の場合

3 変数の場合

x_3 \ x_2x_1	00	01	11	10
0				
1				

4 変数の場合

x_4x_3 \ x_2x_1	00	01	11	10
00				
01				
11				
10				

5 変数の場合

x_5x_4 \ $x_3x_2x_1$	000	001	011	010	110	111	101	100
00								
01								
11								
10								

図 4.3 カルノー図の例（変数の数が3個，4個，5個の場合，表の形式だけを示すのでマス目は空欄になっている．）

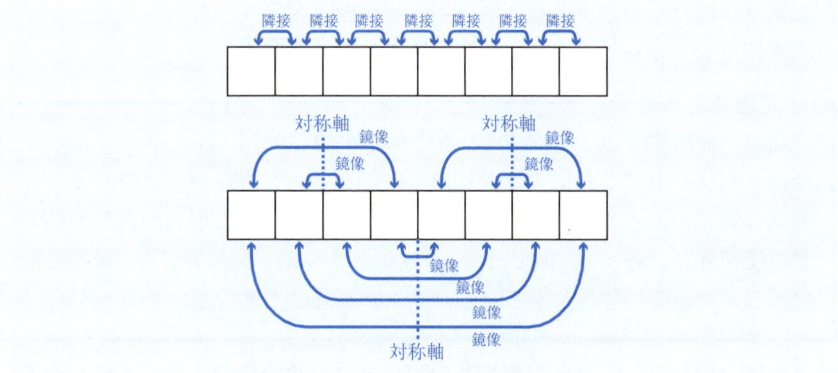

図 4.4 隣接と鏡像の位置関係

には，それを x_4, x_3 と x_2, x_1 の 2 つのグループに分ける．そしてそれぞれの値の組を縦軸と横軸にそれぞれ記入する．カルノー図ではこの値の組の配列の順序に工夫があり，ハミング距離が 1 離れた値の組が隣接するか，鏡像の位置関係にあるようにしている．例えば，2 つの変数の値の組は，00, 01, 11, 10 の順に並べられる．この配列では確かに隣接した組のハミング距離は 1 である．鏡像の位置とは，図 4.4 に示すように，所定の軸を境として対称な位置を意味する．00, 01, 11, 10 の例では，00 に対して鏡像の位置にあるのが 10 であり，01 に対して鏡像の位置にあるのが 11 である．いずれも元の値の組と鏡像の位置にある値の組の間のハミング距離は 1 であることがわかる．一般にこのような性質を備えた変数の値の組の配列は次のようにして再帰的に構成できる．

まず 1 変数に対する値の配列 0, 1 から開始する．そして 2 変数に対する値の配列を次のように作る．1 変数の値の配列 0, 1 とその順序を反転した配列 1, 0 に対して，前者については左側に 0 を付け加えて 00, 01 を作り，後者については左側に 1 を付け加えて 11, 10 を作り，これらをつなぎ併せて，00, 01, 11, 10 を作る．

またこの 2 変数に対する配列を用いて次のように 3 変数の配列を作る．2 変数の値の配列 00, 01, 11, 10 とその順序を反転した配列 10, 11, 01, 00 に対して，前者については左側に 0 を付け加えて 000, 001, 011, 010 を作り，後者については左側に 1 を付け加えて 110, 111, 101, 100 を作り，これらをつなぎ併せて，000, 001, 011, 010, 110, 111, 101, 100 を作る．以上の手続きを再帰的に繰り返せば，変数の数がいくつであっても，ハミング距離が 1 離れた値の組が隣接するか，鏡像の位置にあるように，変数値の値の組を並べることができる．このことを定理として次に与えるが，証明は簡単なので省略する．

定理 4.1

変数の値の組を $\boldsymbol{\alpha}_n$ と記す時，変数の値の組の配列，$\boldsymbol{\alpha}_1, \boldsymbol{\alpha}_2, \cdots \boldsymbol{\alpha}_N$ が隣接した組，および鏡像の位置にある組のハミング距離が 1 となるように並べられているとする．この時，変数の数が 1 つ増えた場合の変数の値の組の配列 $0\boldsymbol{\alpha}_1, 0\boldsymbol{\alpha}_2, \cdots 0\boldsymbol{\alpha}_N, 1\boldsymbol{\alpha}_N, 1\boldsymbol{\alpha}_{N-1}, \cdots 1\boldsymbol{\alpha}_1$ においても，隣接した組，および鏡像の位置にある組のハミング距離は 1 となる．

カルノー図では，こうして配列順の定まった変数の値の組を，縦軸と横軸に沿って並べて 2 次元の表を作る．図 4.3 では，表のマス目の中には何も記入されていないが，各マス目には，そのマス目に対応する縦軸上の変数値の組と，横軸上の変数値の組とを見て，それらの変数値に対する関数値（0, 1 またはドントケア $*$）を記入する．縦軸と横軸の変数値の組を上記のように並べると，表のマス目についても，縦軸方向または横軸方向について隣接しているか，鏡像の位置関係にあるマス目に対応する変数値の組間のハミング距離は 1 となる．

カルノー図のマス目の中に 1 が記入されているときには，そのマス目に対応する入力変数値の組に対する関数値が 1 であるので，その入力変数値の組に対する極小項を，その関数の極小項表現に利用することになる．またマス目の中が $*$ である場合には，それを 1 にした方が論理式の簡単化に都合がよい場合には 1 として，そのマス目の入力変数値の組に対する極小項（以降，簡単に「マス目に対応した極小項」ということにする）を極小項表現において利用する．また簡単化に役立たない場合には 0 として，そのマス目に対応した極小項は利用しない．なお関数値が 0 のマス目については，そのマス目に対応した極小項は利用することがないので，マス目には何も書かずに空欄としておく．こうしてマス目に 1, $*$ または 0（空欄）が記入されたカルノー図は，関数の値を定義する目的に用いる真理表と見かけ上は同じ役割を果たすが，上述したように変数の値の組が特殊な順序で並んでいるために，次のようにカルノー図上で直接簡単化の作業を進めることができる．

カルノー図で縦軸方向または横軸方向に隣接関係か鏡像の位置関係にあるマス目に 1 または $*$ が記入されている場合には，それらのマス目に対応した極小項に，式 (4.1) を適用してまとめて，論理式を簡単化できる．カルノー図上では，このまとめる作業を，まとめるべき極小項に対応したマス目を四角で囲むことによって示す．式 (4.1) は一度に 2 つの極小項しかまとめることができない．したがって一度に囲むマス目も 2 つとなるが，まとめることのできる 2 つのマス目が 2 組あってそれが並んでいたり，鏡像の位置関係にあったりする場合には，2 つずつまとめたものをさらにまとめることができる．これはカルノー図上では 4 つのマス目を囲む四角の枠を描くことで示すことができる．

カルノー図の各種のマス目（極小項）のまとめ方の例を図 4.5 に示す．ここでは A〜K のまとめ方の例が示されているが，それぞれまとめたマス目（極小項）に対応する NOT-AND 項は以下の通りである．

$$\text{A: } \bar{x}_3\bar{x}_2,\quad \text{B: } x_3x_1,\quad \text{C: } x_3\bar{x}_1,\quad \text{D: } x_3\bar{x}_2\bar{x}_1,\quad \text{E: } x_3x_1,\quad \text{F: } \bar{x}_3\bar{x}_1,$$
$$\text{G: } \bar{x}_3\bar{x}_2\bar{x}_1,\quad \text{H: } x_4x_1,\quad \text{I: } \bar{x}_4\bar{x}_3x_1,\quad \text{J: } \bar{x}_5x_3\bar{x}_1,\quad \text{K: } x_5\bar{x}_4x_3$$

図 4.5 でマス目を囲む領域の 1 つ 1 つは，その領域内部のマス目に対応する極小項を包含するより大きな NOT-AND 項に対応する．カルノー図上である領域が別の領域を幾何学的に包含すれば，それはそれぞれの領域に対応する NOT-AND 項の包含関係を意味する．このように論理式の包含関係を幾何学的な領域の包含関係として把握できる点もカルノー図の利点である．

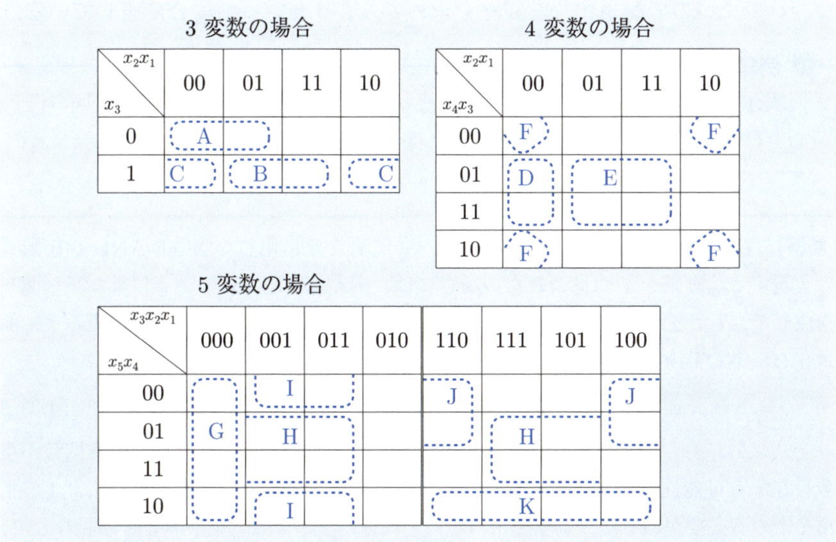

図 4.5　カルノー図における極小項（マス目）のまとめ方 A〜K

この利点によって，前節で図 4.1 の包含図を使って行った作業も，カルノー図の中で包含関係を把握しながら遂行できる．具体的には，図 4.5 に示したまとめ方のルールに従って，カルノー図上で 1 や * の記入されているマス目をできるだけ大きく，できるだけ少数個の領域で囲って，囲んだ領域の中に 1 のマス目はすべて含み，空欄（0）のマス目はすべて排除し，ドントケア * は囲みを大きくする上で都合のよいものだけを含めるようにする．なおこの際にまとめた領域が互いに重なりあってもよいのでできるだけ領域の範囲を広げるようにする．こうして定まった各囲みに対応する NOT-AND 項を OR でつないで，元の関数を NOT-AND-OR 形式で簡単化して表現することができる．

以上がカルノー図を使った論理関数の簡単化の方法であるが，そうして求まる簡単化の結果は一通りにならずに，同程度に簡単な論理式が複数存在する場合もある．複数の簡単化の結果をすべて見つけるには，囲み方を様々に変えて検討する必要があるので時間がかかり，一部の簡単化の結果には気づかずに見落としてしまうことも多い．また変数の数が多くなると人の目で表を見渡して囲む範囲を見つけることが困難となる．下記に 5 変数の場合の例題を用意したので，その困難さを体験することができる．カルノー図による簡単化は，人間の目と直観による安易な作業の範囲内で，変数が少ない場合に，取り敢えず 1 つだけでよいので簡単化した回路を求めてみようといった場合に適している．

例題 4.1

表 4.2 の関数についてカルノー図を使って主項を求めてみよ．また包含図の代わりにカルノー図を使って主項と極小項の間の包含関係を把握することによって，すべての簡単化の結果を求めてみよ．

【解答】 表 4.2 の関数について，取り敢えず，これを簡単化した NOT-AND-OR 形式で実現する論理式を 1 つ見つけたい場合には，例えば，図 4.6 のようにカルノー図を構成して，* と 1 を囲むように領域を定めるとよい．このように領域を定めると，簡単化した NOT-AND-OR 形式の論理式として次式が求まる．

$$F(x_5, x_4, x_3, x_2, x_1) = x_3x_2 \vee \bar{x}_5\bar{x}_2x_1 \vee x_5x_3\bar{x}_1 \vee x_5x_2x_1 \tag{4.3}$$

上式以外にも，これと同程度の簡単さで $F(x_5, x_4, x_3, x_2, x_1)$ を実現する関数が複数存在する可能性がある．それらを求めるためには，まず $F(x_5, x_4, x_3, x_2, x_1)$ の主項を求める必要があるが，主項を求めるためには，ドントケアをすべて 1 と見なして，カルノー図の中で，1 とドントケアのみを内部に含むあらゆる囲み方を検討し，それらの中でできる限り広い領域（包含関係の意味で最も大きな囲み方，極大となる領域）

を見つける必要がある．極大となる領域が見つかったら，その領域に含まれる領域はすべて除外してしまって構わない．

表 4.2 の関数について，主項を求めるためにドントケアも漏れなく囲むようにして極大となる領域を見つけた例を図 4.6 のカルノー図に示す．なお囲み方が複雑で入り組んでいるために，カルノー図自体は同じものであるが，(a)〜(e) の 5 つの図に分けて

表 4.2　論理関数 $F(x_5, x_4, x_3, x_2, x_1)$ の真理値表（この表に定義されていない入力変数値の組合せに対する関数値はドントケアとする）

x_5	x_4	x_3	x_2	x_1	$F(x_5, x_4, x_3, x_2, x_1)$
0	0	1	0	0	0
0	0	1	1	0	1
0	1	0	0	1	1
0	1	0	1	1	0
0	1	1	0	0	0
0	1	1	0	1	1
1	0	0	0	0	0
1	0	0	1	0	0
1	0	0	1	1	1
1	0	1	0	0	1
1	0	1	1	0	1
1	1	0	0	1	0
1	1	0	1	1	1
1	1	1	0	1	0
1	1	1	1	0	1

x_5x_4 \ $x_3x_2x_1$	000	001	011	010	110	111	101	100
00	*	*	*	*	1	*	*	0
01	*	1	0	*	*	*	1	0
11	*	0	1	*	1	*	0	*
10	0	*	1	0	1	*	*	1

図 4.6　カルノー図を使って簡単化のための NOT-AND 項を求めた結果

囲み方を示している．変数の数が5つにもなると人眼ではなかなか気が付きにくい囲み方があるので注意して欲しい．そしてこのカルノー図から求めた主項を以下に示す．

$$\begin{array}{lll} \bar{x}_5\bar{x}_3\bar{x}_1 & \bar{x}_5\bar{x}_3\bar{x}_2 & \bar{x}_5\bar{x}_4\bar{x}_3 \\ \bar{x}_5\bar{x}_2x_1 & \bar{x}_5\bar{x}_4x_2 & \bar{x}_5x_2\bar{x}_1 \\ x_4\bar{x}_3\bar{x}_1 & \bar{x}_5x_3x_1 & x_4x_2\bar{x}_1 \\ x_5\bar{x}_4x_3 & x_5x_3\bar{x}_1 & x_5x_4\bar{x}_1 \\ x_5x_4x_2 & x_5x_2x_1 & \\ \bar{x}_4x_1 & x_3x_2 & \end{array} \tag{4.4}$$

最後に，これらの主項から，今度はドントケアを0と1に使い分けて，関数値が1と指定されている場合に必ず1を出力するように，必要最小限の主項を選ぶと，x_3x_2，$\bar{x}_5\bar{x}_2x_1$，$x_5x_3\bar{x}_1$，$x_5x_2x_1$ の4つの主項が選ばれ，この例では，式(4.3)に求めた結果が，表4.2の関数を実現する唯一の最も簡単なNOT-AND-OR形式の論理式であることがわかる． ■

カルノー図

カルノー図による論理式の簡単化手法は，発明者 M. Karnaugh による1953年の論文 “The Map Method for Synthesis of Combinational Logic Circuits” で初めて提案された．その論文は，4変数のカルノー図に関する説明がほとんどであり，5変数以上の場合どうしたら良いか，という議論を論文の最後のページで行っている．そこでは，2種類の方法を紹介し，第1の方法は，図4.6に示すように2次元上に展開する方法であり，この方法による5変数関数の簡単化がいかに大変かは既に例題4.1で体験して頂いたところである．

第2の方法（Karnaughが勧めている方法）は，3次元空間上にカルノー図を展開するというものである．6変数用の3次元カルノー図（透明プラスチック盤でできた4変数の2次元カルノー図を4枚重ねたもの）のイメージ図を論文に掲載し，実際にルーレットチップを用いてNOT-AND項をまとめていく手順を詳しく説明しているところが実に興味深い．

(a)

x_5x_4 \ $x_3x_2x_1$	000	001	011	010	110	111	101	100
00	*	*	*	*	1	*	*	0
01	*	1	0	*	*	*	1	0
11	*	0	1	*	1	*	0	*
10	0	*	1	0	1	*	*	1

(b)

x_5x_4 \ $x_3x_2x_1$	000	001	011	010	110	111	101	100
00	*	*	*	*	1	*	*	0
01	*	1	0	*	*	*	1	0
11	*	0	1	*	1	*	0	*
10	0	*	1	0	1	*	*	1

(c)

x_5x_4 \ $x_3x_2x_1$	000	001	011	010	110	111	101	100
00	*	*	*	*	1	*	*	0
01	*	1	0	*	*	*	1	0
11	*	0	1	*	1	*	0	*
10	0	*	1	0	1	*	*	1

(d)

x_5x_4 \ $x_3x_2x_1$	000	001	011	010	110	111	101	100
00	*	*	*	*	1	*	*	0
01	*	1	0	*	*	*	1	0
11	*	0	1	*	1	*	0	*
10	0	*	1	0	1	*	*	1

(e)

x_5x_4 \ $x_3x_2x_1$	000	001	011	010	110	111	101	100
00	*	*	*	*	1	*	*	0
01	*	1	0	*	*	*	1	0
11	*	0	1	*	1	*	0	*
10	0	*	1	0	1	*	*	1

図 4.7　カルノー図を使って主項を求めた結果

4.3 計算機による自動化に適した方法：クワイン-マクラスキー法

カルノー図は，統合して簡単化できる項と項間の包含関係を，人が「目で見て」把握することを目的として考案されたものであり，目を持たない計算機のプログラムとして実行する目的には適していない．そこで計算機で自動化できるように，計算量を抑えながら規則的な手続きで組織的に簡単化の手続きを遂行できるように工夫された方法が，**クワイン-マクラスキー法**（Quine-McClusky method）である．以下にその方法を具体的に説明するが，人が手作業で行うには記述量が多くなり，手間と時間を要することを予め断わっておく．

今の計算機は計算速度が速いから，力ずくで，しらみつぶしに可能な回路を構成して，その中から簡単な回路を見つけ出せば，簡単化を実現できるのではないかと思われるかもしれない．しかしながら，力ずくの方法では，回路の規模に対して組合せ的なオーダーで計算量が増えてしまう．実際，変数の数が100個になると，極小項の数は 2^{100} 個となり，これはおよそ 10^{30} 個である．その1つ1つを調べていたら，1つを1ナノ秒で処理しても，百億年以上の計算時間を要する．そこで何らかの方法を工夫して，計算量が組合せオーダーで増大することを回避しなければならない．

クワイン-マクラスキー法では，計算量を削減するための工夫が各種導入されている．例えば，先のカルノー図では，極小項間の近さをハミング距離で測って，ハミング距離が1だけ離れた極小項をまとめて簡単化した．しかしながら極小項の数が増えると，すべての2項間のハミング距離を計算するのは，極小項の数の2乗のオーダーの計算量となるので，避ける必要がある．そこでハミング距離を用いる前に，まずは極小項に含まれる肯定型の変数の数に着目する．そしてこの数が同じものが同一のグループに属するように極小項を分類しておく．ハミング距離が1異なる極小項は，肯定型変数の数も1だけ異なる．したがって，事前に肯定型変数の数に応じて極小項を分類しておけば，ハミング距離が1異なる極小項は，肯定型変数の数が1つ異なるグループ間でハミング距離を比較するだけで見つけ出すことができる．こうして4.1節で述べた簡単化の指針「(2) 近傍関係と簡単化」が実践される．

クワイン-マクラスキー法は変数の数が多い場合に威力を発揮する．今までは3変数の関数で説明してきたが，以下では表4.3に定義した4変数 x_4, x_3, x_2, x_1 の関数 $F(x_4, x_3, x_2, x_1)$ を例として具体的な手続きを説明することにする．

表 4.3 関数 $F(x_4, x_3, x_2, x_1)$ の定義

x_4	x_3	x_2	x_1	$F(x_4, x_3, x_2, x_1)$
0	0	0	0	0
0	0	0	1	*
0	0	1	0	1
0	0	1	1	*
0	1	0	0	0
0	1	0	1	1
0	1	1	0	0
0	1	1	1	0
1	0	0	0	1
1	0	0	1	*
1	0	1	0	1
1	0	1	1	0
1	1	0	0	*
1	1	0	1	*
1	1	1	0	0
1	1	1	1	1

4.1 節に述べた指針を踏襲し，以下の手順で式 (4.1) を組織的に利用して極小項の統合を進める．

(1) 関数値のドントケアを 1 の方に解釈して，関数値が 1 となる入力変数の値の組に対応する極小項を，含まれる肯定型変数の数に基づきグループに分類して図 4.8(a) のように並べる．なお計算機中では，0 と 1 からなる入力変数の値の組そのものを極小項の表現方法として使う場合が多い．また，極小項を統合する過程で現れる NOT-AND 項の表現方法も，極小項の場合と同様に肯定型変数は 1，否定型変数は 0 で表し，現れない変数に対しては「–」で表す．例えば，$\bar{x}_4x_3\bar{x}_2x_1$ と $\bar{x}_4x_3x_2x_1$ の極小項はそれぞれ $0101, 0111$ と表現され，これらを統合した NOT-AND 項 $\bar{x}_4x_3x_1$ は 01–1 と表現される．

(2) 肯定型変数の数を p として，$p = 0$ から開始して（該当する NOT-AND 項が存在しない空のグループはとばすのでこの例では，$p = 1$ から開始する），肯定型変数の数が p 個のグループに属する極小項に対して，式 (4.1) の左辺の対となる極小項を肯定型変数の数が $p + 1$ 個となるグループの中から見つけて統合していく．統合の結果得られる，変数の数が 3 個となった NOT-AND

$p=1$	0	0	0	1	✓
	0	0	1	0	✓
	1	0	0	0	✓
$p=2$	0	0	1	1	✓
	0	1	0	1	✓
	1	0	0	1	✓
	1	0	1	0	✓
	1	1	0	0	✓
$p=3$	1	1	0	1	✓
$p=4$	1	1	1	1	✓

(a)

$p=1$	0	0	−	1	
	0	−	0	1	✓
	−	0	0	1	✓
	0	0	1	−	
	−	0	1	0	
	1	0	0	−	✓
	1	0	−	0	
	1	−	0	0	✓
$p=2$	−	1	0	1	✓
	1	−	0	1	✓
	1	1	0	−	✓
$p=3$	1	1	−	1	

(b)

$p=1$	−	−	0	1
	1	−	0	−

(c)

図 4.8　NOT-AND 項のグループ分けと統合

項をメモリ上に記録すると共に，それによって包含される統合前の極小項にフラッグ（図 4.8 ではチェック印でフラッグを示す）を立てて，統合した結果によって表現済みであることを示す．一度フラッグが付いた極小項が，再度別の極小項と統合される可能性があるので，フラッグが付いても作業を止めずに，肯定型変数の数が $p+1$ 個となるグループ内のすべての極小項とハミング距離が 1 となるか確認する必要がある．同じ極小項が重複して使われても構わないので，統合によって得られた NOT-AND 項はすべてメモリ上に記録しておく．この段階では，ともかく式 (4.1) を適用できるチャンスを高めるために式 (4.1) の左辺の対となる相手を増やしておくことが重要である．p を順次増やして $p=3$ となるまで作業を続ける．こうして得られた変数の数が 3 個の NOT-AND 項を図 4.8 の (b) に示す．

(3)　図 4.8(b) の変数の個数が 3 の NOT-AND 項に対して (2) と同様の手続きを適用し，統合の結果として，変数の個数が 2 の NOT-AND 項を得る．得られた結果を図 4.8(c) に示す．

(4)　図 4.8(c) の変数の個数が 2 の NOT-AND 項に対して (2) と同様の手続きを適用し，統合の結果として，変数の個数が 1 の NOT-AND 項を得る．この例では，統合できる相手が見つからないので変数の個数が 1 の NOT-AND 項は存在しない．

(5)　簡単化したい関数が定数でない限り，(4) までで統合の作業が終わる．定数の場合には，最初から簡単化の必要はない．

以上の統合手続きは，4.1 節の図 4.1 の包含関係のグラフ上で示した統合手続きを，計算機上で計算量を抑えながら行えるように修正したに過ぎない．したがって，図 4.1 と同様の包含関係のグラフを 4 変数の関数について構築すれば，グラフの枝を辿ることで，上記の手続きの過程に現れた NOT-AND 項と元の極小項との間の包含関係を把握することができる．しかしながら，すべての極小項について包含関係を示すグラフの規模は，変数の数に対して組合せオーダーで大きくなる．関数値を 1 またはドントケアとする極小項に限定して統合を進める上記の手順によって，しらみつぶしに力ずくで簡単化しようとする場合に直面する計算量増大の問題を克服することができる．

上記の (1)～(5) の手続きの過程で得られた NOT-AND 項のうちフラッグが立っている項は，既に他の NOT-AND 項によって表されている．したがってフラッグが立っていない NOT-AND 項が，4.1 節に述べた主項となることがわかる．これらの主項には，無駄なものが含まれている可能性がある．そこで今度はドントケアを 0 の方に解釈して，関数値を 1 とする入力変数の値の組に対する極小項と主項に対して 4.1 節に述べた包含図を構成する．この例に対して構成した包含図を図 4.9 に示す．

この包含図は計算機の内部では，配列やポインタで包含関係にある主項と極小項を参照し合えるようにすることで表される．そして包含図を使って，包含関係の意味でできるだけ大きな主項を使うことと，できるだけ少ない数の主項を使うことを方針として，関数値を 1 とする変数の値の組に対応する極小項を

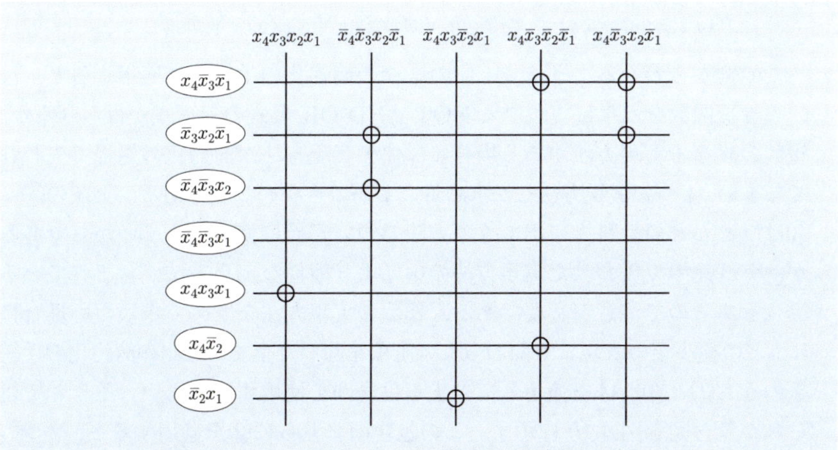

図 4.9 関数値 1 に対する極小項と主項の間の包含図

すべて包含するように，主項を選んでORでつなぐことによって簡単化した論理式を得る．この作業は計算機では次のような手続きで実行する．

(1) 計算量を削減するために，次の手順を繰り返し適用して包含図を簡約化する．

① まずある極小項を包含する主項が1つしかない場合には，その主項は**基本主項**（essential prime implicant）と呼ばれ，その極小項を表す上で必須であるから必ず使用する．するとこの主項が包含する極小項はその主項によってすべて表される．使用が確定した主項とその主項が包含する極小項は，検討対象から外れるので，包含図から除外して包含図を簡単にする．

② ある主項（これを第1の主項と呼ぶ）が包含する極小項がすべて別の主項（これを第2の主項と呼ぶ）に包含されているならば，第1の主項の役割は第2の主項で代行されるので，第1の主項を包含図から除外する．

③ 第1の極小項を包含する主項がいずれも第2の極小項を包含するならば，第1の極小項を表すように主項を選ぶことで第2の極小項は自動的にその主項によって包含される．したがって，第2の極小項は検討対象から外すことができるので包含図から除外する．

図4.9の例に，これらの3つの手続きを繰り返し適用すると主項は次々と取捨されて，主項2行のみからなる包含図にまで簡約化されてしまう．そして選ばれた主項だけをORでつなぐことによって次の簡単化した表現が一通りだけ得られる．

$$F(x_4, x_3.x_2, x_1) = x_4\bar{x}_3\bar{x}_1 \vee x_4x_3x_1 \vee \bar{x}_3x_2\bar{x}_1 \vee \bar{x}_2x_1 \qquad (4.5)$$

この例からわかるように，上記の3つの簡約化の手続きを適用すると，目的の論理関数を簡単に実現するNOT-AND-OR形式の論理式が得られるが，複数の異なる実現方法がある場合に，他の実現方法が簡約化の過程で失われてしまい，1つの実現方法しか求めることができないことがある．上記の①～③はほとんどの教科書に出てくる方法でつい安易に使ってしまいがちであるが，実は途中で失われた実現方法の中により簡易な実現方法が含まれている場合もあるので注意が必要である．複数の実現方法をすべて求めたい場合には，どの極小項の表現にも関わらない主項を除いた上で，上記の簡約化の手続きのうち①と③だけを適用して求まる包含図を使用するとよい．そうして得られた包含図を図4.10に示す．この包含図にさらに②を適用すると，2つの主項 $\bar{x}_4\bar{x}_3x_2$ と $x_4\bar{x}_2$ は不要とされて捨てられてしまう．その結果，式(4.5)

が得られたのである．しかしながら，ここで②を適用せずに，これら 2 つの主項を残しておいて，次の手続きで複数の実現方法をすべて求めると，それらの中により簡易な実現方法が存在する．

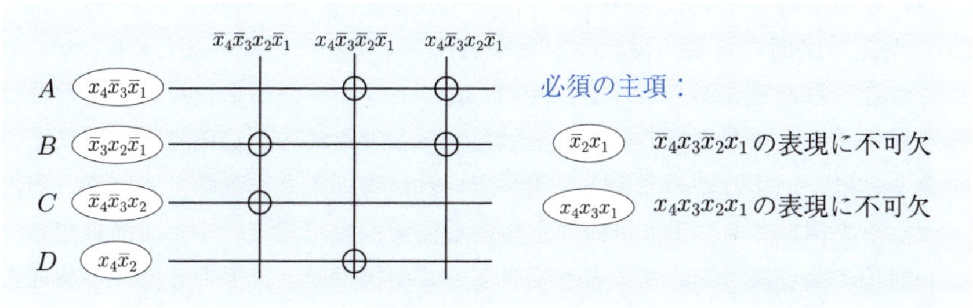

図 4.10 関数値 1 に対する極小項と主項の間の包含図（①だけで簡約化したもの）

(2) 図 4.10 のように簡約化した包含図において，残った主項に，$A, B, C \cdots$ というように名前を付ける．そして，各極小項（必須の主項で表される極小項を除いた残りの極小項）を表すのに必要な主項を論理演算 OR でつないで表す．ここで，①を適用すると必須の主項が除外されるだけでなく，その主項によって表されている極小項も図 4.10 の包含図から排除され，以下の議論の対象から外れることに注意して欲しい．図 4.10 の例では，図中の各極小項の表現に必要な主項は次のようになる．各極小項を表現するには，その右側に記された，OR(∨) でつながれた主項のいずれか 1 つを用いればよい．

極小項	表現に必要な主項（複数あり，その中のどれかでよい時は OR でつないで示す）
$\bar{x}_4\bar{x}_3x_2\bar{x}_1$	$B \vee C$
$x_4\bar{x}_3\bar{x}_2\bar{x}_1$	$A \vee D$
$x_4\bar{x}_3x_2\bar{x}_1$	$A \vee B$

上記のことは，計算機のプログラムでは，各極小項毎に，それを包含する主項をポインタでつないでリストにして表現するとよい．

(3) すべての極小項を表さなければならないことを，上記の OR でつないだ主項を次のように AND でつないで表現する．

$$(B \vee C) \cdot (A \vee D)(A \vee B) \tag{4.6}$$

(4) 上式を展開して次式を得る．

$$(B \vee C) \cdot (A \vee D) = B \cdot A \vee B \cdot D \vee C \cdot A \tag{4.7}$$

この展開の作業を計算機のプログラムで実行するには，各極小項について，それを包含する主項のうちの1つを選んで，それを全極小項について組み合わせ，組み合わせた中に同じ主項が複数あれば，べき等律に基づきそれを1つにする手続きを実行すればよい．

(5) 上記の展開の結果，複数の主項をANDでつないだ項（AND項）がORでつながれた式が得られるが，AND項の1つ1つが簡単化対象の論理関数を表すのに必要な主項のセットを示している．それらがORでつながれていることは，いずれかのセットを1つ用いればよいことを意味している．どのセットを用いても，セット内の主項をORでつなぐことによって簡単化したい対象の論理関数を表すことができる．この例では，以下の3通りの論理式が得られ，いずれを用いても図4.10中の極小項をすべて表現できる．

$$\begin{array}{ll} B\cdot A & x_4\bar{x}_3\bar{x}_1 \vee \bar{x}_3x_2\bar{x}_1 \\ B\cdot D & \bar{x}_3x_2\bar{x}_1 \vee x_4\bar{x}_2 \\ C\cdot A & x_4\bar{x}_3\bar{x}_1 \vee \bar{x}_4\bar{x}_3x_2 \end{array} \tag{4.8}$$

(6) 上記の各論理式に，議論の対象から除外していた必須の主項をORでつなげれば，目的の関数を実現する論理式が，次のように簡単化したNOT-AND-OR形式で複数個得られる．

$$\begin{aligned} F(x_4,x_3.x_2,x_1) &= x_4\bar{x}_3\bar{x}_1 \vee \bar{x}_3x_2\bar{x}_1 \vee \bar{x}_2x_1 \vee x_4x_3x_1 \\ &= \bar{x}_3x_2\bar{x}_1 \vee x_4\bar{x}_2 \vee \bar{x}_2x_1 \vee x_4x_3x_1 \\ &= x_4\bar{x}_3\bar{x}_1 \vee \bar{x}_4\bar{x}_3x_2 \vee \bar{x}_2x_1 \vee x_4x_3x_1 \end{aligned} \tag{4.9}$$

これらの中で最も簡単なものを選ぶと，それが対象の論理関数を簡単化した結果となる．この例では，以下の論理式となる．

$$F(x_4,x_3.x_2,x_1) = x_4\bar{x}_2 \vee \bar{x}_2x_1 \vee x_4x_3x_1 \vee \bar{x}_3x_2\bar{x}_1 \tag{4.10}$$

上式と式(4.5)を比較すると，用いているNOT-AND項の数はいずれも4個で同じであるが，そのうちの1つの項の変数の数が上式の方が式(4.5)よりも少なく，より簡単な式になっていることがわかる．もちろん式(4.5)も十分に簡単化されており，それで満足するのであれば，①~③を使って，簡単化の作業効率を向上することに意義がある．簡単化の作業に時間がかかっても，少しでも素子数を減らしたい場合には，②の利用は避けて，①と③だけで簡単化した方がよい．

4.4 経験則による NAND 回路の簡単化

以上までに述べた方法で論理関数を NOT-AND-OR 形式の簡単化した回路で実現することができる．この節では，そうして得られた NOT-AND-OR 形式の回路を NAND 形式の回路で表した上に，さらに NAND 素子の数を減らして簡単化する方法を示す．ただしここで示す方法はあくまでも経験的なものであり，必ずしも最も簡単な結果を与えるものではないことに注意して欲しい．

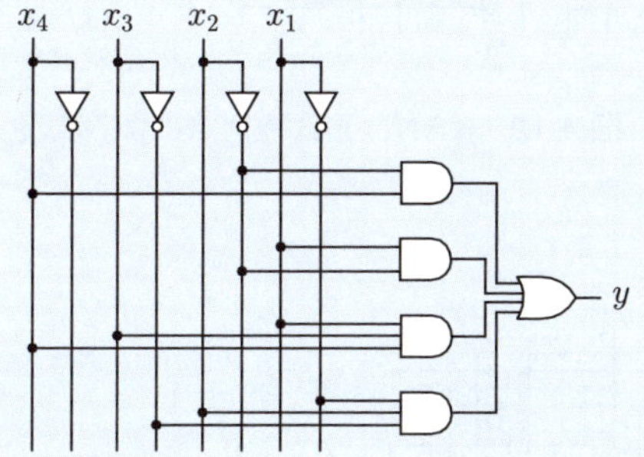

図 4.11 NAND 形式で表すことになる NOT-AND-OR 形式の回路

例えば，前章で簡単化した式 (4.10) を実現する NOT-AND-OR 形式の回路を図 4.11 に示す．この回路に対して，2.3 節に示した図 2.3 の素子の置き換えを行い，等価な NAND 形式の回路を構成すると図 4.12 のようになる．ここで 1 段目の NAND 素子は，NOT-AND-OR 形式の回路の中で NOT の役割を果たしており，そのために NAND 素子の入力をショートさせて使用している．しかしながら，これではせっかくの NAND 素子の機能を駆使しておらず，もったいないことである．そこで，この 1 段目の NAND 素子を単なる NOT 素子でなく，NOT の機能を一部に含むより一般的な NAND 素子として機能拡張して利用すれば，回路全体の表現能力は高まり，NAND 素子の数を減らすことができる可能性がある．

そこで 1 段目の NAND 素子を図 4.13 のように NOT に限定せずに使用することにする．そして 2 段目と 3 段目の NAND を，ここでの検討の都合上一時的に AND と OR に戻せば，図 4.14 のように，NOT-AND-OR 形式の NOT の部分を NAND に変えた NAND-AND-OR 形式の回路となる．この NAND-AND-OR 形式の回路を論理式で表すと次の形式になる．

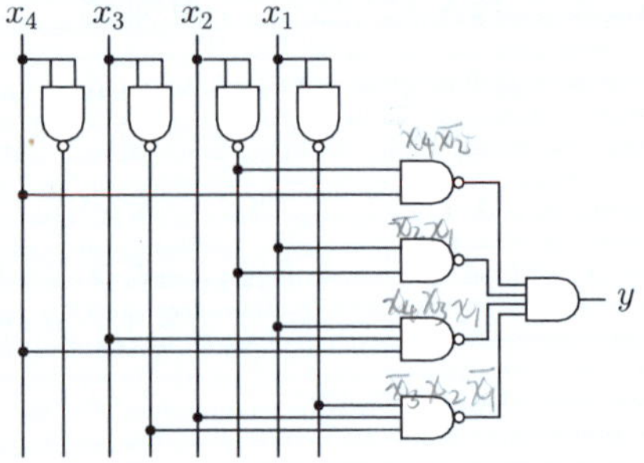

図 4.12　NAND 形式の回路による表現

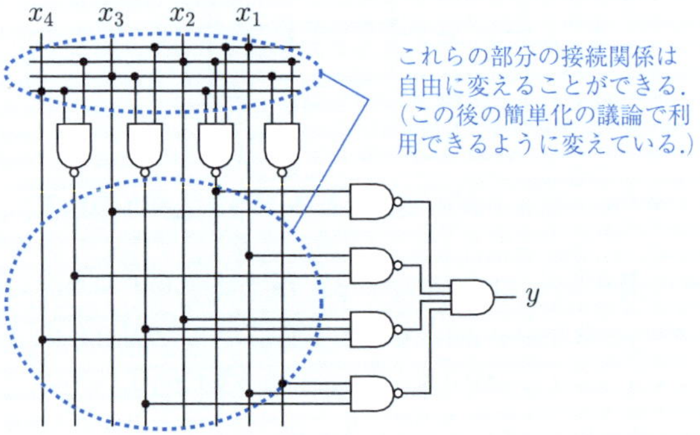

図 4.13　1段目の NAND 素子を NOT に限定せずに利用するように拡張した回路

$$y = x_3\overline{x_4x_2x_1} \vee x_1\overline{x_4x_2} \vee x_2x_4\overline{x_3x_1} \vee x_1\overline{x_3x_2}\ \overline{x_3x_1} \qquad (4.11)$$

上式が3段の NAND 回路の一般式となるので，これ以降は，この式を簡単化する方法を説明することにしよう．上式は NAND-AND 項を OR でつないだ形式になっているが，NAND-AND 項は，交換律に基づき変数の位置を並び替えると「肯定型変数を AND でつないだ部分」と「NAND 項を AND でつないだ部分」に分けることができる．例えば，式 (4.11) の例では，4つの NAND-AND 項 $x_3\overline{x_4x_2x_1}, x_1\overline{x_4x_2}, x_2x_4\overline{x_3x_1}, x_1\overline{x_3x_2}\ \overline{x_3x_1}$ があるが，それぞれ x_3, x_1, x_2x_4, x_1 が「肯定型変数を AND でつないだ部分」であり，$\overline{x_4x_2x_1}, \overline{x_4x_2}, \overline{x_3x_1}, \overline{x_3x_2}\ \overline{x_3x_1}$

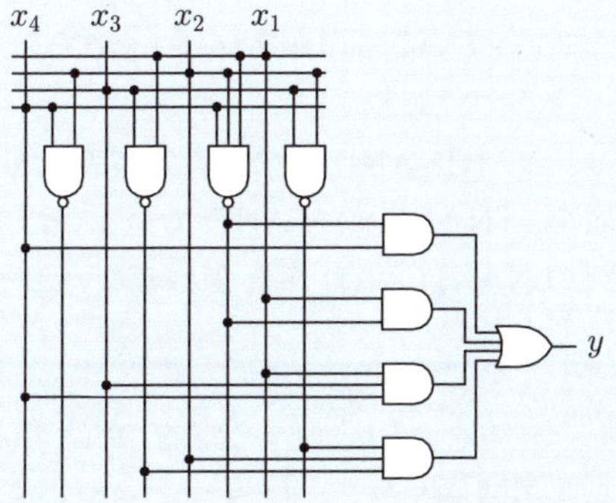

図 4.14　2 段目と 3 段目の NAND 素子を AND と OR に戻した回路

が「NAND 項を AND でつないだ部分」である．ただしこの例では肯定型変数及び NAND 項が単独でしか存在しない項もある．

一般には，肯定型変数及び NAND 項は，1 つの NAND-AND 項の中に複数存在するので，NAND-AND 項内の肯定型変数をすべてまとめて AND でつないだ部分を H と表記し，また i 番目の NAND 項について，その中の肯定型変数を AND でつないだ部分を T_i と表記すれば，$H, T_1, T_2, T_3, \cdots$ はいずれも肯定型変数の AND 項であり，これらを用いて，1 つの NAND-AND 項を $H\overline{T}_1\overline{T}_2\overline{T}_3, \cdots$ と表すことができる．

ここで，もしも OR で結ばれた NAND-AND 項の中に H（肯定型変数を AND でつないだ部分）が同じになっているものがあれば，それらを次の定理によって，1 つの NAND-AND 項にまとめることができる．

定理 4.2

2 つの NAND-AND 項を $H_a\overline{T}_1\overline{T}_2\cdots\overline{T}_N$ と $H_b\overline{S}_1\overline{S}_2\cdots\overline{S}_M$ とする．ここで，$H_a, H_b, T_1, T_2, \cdots T_N, S_1, S_2, \cdots S_M$ はそれぞれ肯定型変数を AND でつないだ AND 項である．ここで $H_a = H_b$ であれば次式が成り立つ．

$$\begin{aligned} &H_a\overline{T}_1\overline{T}_2\cdots\overline{T}_N \vee H_b\overline{S}_1\overline{S}_2\cdots\overline{S}_M \\ &= H_a\overline{T_1S_1}\ \overline{T_1S_2}\cdots\overline{T_1S_M}\ \overline{T_2S_1}\ \overline{T_2S_2} \\ &\quad\cdots\overline{T_2S_M}\cdots\overline{T_NS_1}\ \overline{T_NS_2}\cdots\overline{T_NS_M} \end{aligned} \tag{4.12}$$

すなわち，OR でつながれた NAND-AND 項の中に「肯定型変数を AND でつないだ部分」が同じになっているものがあれば，それらを 1 つの NAND-AND 項にまとめることができるのである．

また次の定理により，NAND-AND 項の「肯定型変数を AND でつないだ部分」の中の肯定型変数を，「NAND 項を AND でつないだ部分」のどの NAND 項の中に入れても，元の NAND-AND 項と変わらないことが示される．

定理 4.3

NAND-AND 項を $h_1h_2\cdots h_L\overline{T}_1\overline{T}_2\cdots\overline{T}_N$ とする．ここで，$h_1, h_2, \cdots h_L$ はそれぞれ肯定型変数であり，$T_1, T_2, \cdots T_N$ はそれぞれ肯定型変数の AND を取った項である．この時，任意の i, n について次式が成り立つ．

$$\begin{aligned} &h_1h_2\cdots h_i\cdots h_L\overline{T}_1\overline{T}_2\cdots\overline{T}_n\cdots\overline{T}_N \\ &= h_1h_2\cdots h_i\cdots h_L\overline{T}_1\overline{T}_2\cdots\overline{h_iT_n}\cdots\overline{T}_N \end{aligned} \tag{4.13}$$

すなわち，元の式の値を変えることなく，各 NAND-AND 項において「肯定型変数を AND でつないだ部分」の中の任意の肯定型変数を任意の NAND 項の中に入れることができるのである．

以上の 2 つの定理を使って，次の方針で式変形を行うことによって，NAND 素子数を減らして回路を簡単化できる場合がある．

(1) 「肯定型変数を AND でつないだ部分」が同じになっている NAND-AND 項が複数個あれば，それらをまとめて 1 つの NAND-AND 項にする．

(2) 「肯定型変数を AND でつないだ部分」の肯定型変数を NAND 項の中に入れることによって，他の NAND-AND 項の中の NAND 項と同じ NAND 項を作り出す．そうすると，同じ NAND 項を異なる NAND-AND 項で共用することができるので NAND 素子を減らすことができる．

ただし上記の指針でいつも NAND 素子を減らすことができるとは限らない．特に (1) に関しては，まとめて 1 つの NAND-AND 項にすると「NAND 項を AND でつないだ部分」の NAND 素子の数が増えてしまい，回路全体としても NAND 素子の数が増えてしまう場合があるので注意を要する．

例題 4.2

図 4.13 の NAND 形式の回路を簡単化せよ．

【解答】 まず，図 4.13 の NAND 形式の回路を NAND-AND-OR 形式の論理関数で表す．この例については，既に式 (4.11) で表現されているので，それにを定理 4.2 と定理 4.3 を適用して，簡単化を試みると次のようになる．

$$
\begin{aligned}
y &= x_3\overline{x_4x_2x_1} \vee x_1\overline{x_4x_2} \vee x_2x_4\overline{x_3x_1} \vee x_1\overline{x_3x_2}\ \overline{x_3x_1} \\
&= x_3\overline{x_4x_2x_1} \vee x_1\overline{x_4x_2x_3x_2}\ \overline{x_4x_2x_3x_1} \vee x_2x_4\overline{x_3x_1} \\
&= x_3\overline{x_4x_2x_1} \vee x_1\overline{x_4x_3x_2}\ \overline{x_4x_3x_2x_1} \vee x_2x_4\overline{x_3x_1} \\
&= x_3\overline{x_4x_3x_2x_1} \vee x_1\overline{x_4x_3x_2x_1}\ \overline{x_4x_3x_2x_1} \vee x_2x_4\overline{x_4x_3x_2x_1} \\
&= x_3\overline{x_4x_3x_2x_1} \vee x_1\overline{x_4x_3x_2x_1} \vee x_2x_4\overline{x_4x_3x_2x_1} \\
&= \overline{\overline{x_3\overline{x_4x_3x_2x_1}}\ \overline{x_1\overline{x_4x_3x_2x_1}}\ \overline{x_2x_4\overline{x_4x_3x_2x_1}}}
\end{aligned}
$$

上式では，まず定理 4.2 により，「肯定型変数を AND でつないだ部分」がどちらも x_1 になっている 2 番目と 4 番目の項をまとめて 2 行目を得ている．これをべき等律に基づいて整理して 3 行目を求め，それに定理 4.3 を適用して 4 行目を得ている．そして再度べき等律で整理して 5 行目を得て，それを NAND 形式で表して最後の行を得る．この最後の行に対応する論理回路を図 4.15 に示すが多くの NAND 項を共通化することができたため，簡単化前の図 4.13 よりも大幅に簡単化されていることがわかる． ■

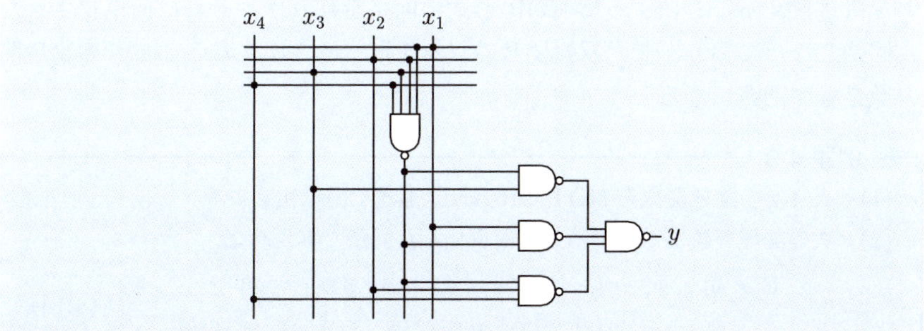

図 4.15　定理 4.2 と 4.3 によって図 4.13 の回路を NAND 形式で簡単化した結果

4.5 双対性に基づく NOT-OR-AND 形式，NOR 回路の簡単化

論理関数の双対関数の双対を取ると元の論理関数に戻ることと，関数中の AND と OR，定数 0 と 1 を置き換えることによって双対関数を作れること，を考慮すると，次の手順によって NOT-OR-AND 形式の回路の簡単化を行うことができる．

(1) 元の関数の双対関数を作る．

(2) この双対関数を NOT-AND-OR 形式で簡単化して実現する．

(3) 簡単化した NOT-AND-OR 形式の回路の AND と OR，定数 0 と 1 を置き換えることによって NOT-OR-AND 形式の回路を作れば，それは簡単化された回路となっており，また双対関数の双対を取ったことになるので，元の論理関数を表す回路になる．

同様に，NAND 素子だけで表された関数の NAND を NOR にして，定数 0 と 1 を置き換えることによって双対関数を作れることを考慮すると，次の手順によって NOR 形式の回路の簡単化を行うことができる．

(1) 元の関数の双対関数を作る．

(2) この双対関数を NAND 形式で簡単化して実現する．

(3) 簡単化した NAND 形式の回路の NAND を NOR に置き換え，定数 0 と 1 を置き換えることによって NOR 形式の回路を作れば，それは簡単化された回路となっており，また双対関数の双対を取ったことになるので元の論理関数を表す回路になる．

例題 4.3

(1) 表 4.4 の論理関数を NOT-OR-AND 形式で簡単化せよ．

(2) 次の論理関数を NOR 形式で簡単化した回路で実現せよ．

$$F(x,y,z,w) = (\bar{x} \vee y \vee z \vee w) \cdot (x \vee \bar{y} \vee z \vee \bar{w}) \cdot (x \vee y \vee \bar{z} \vee \bar{w}) \cdot (\bar{x} \vee \bar{y} \vee w) \cdot (\bar{z} \vee w) \tag{4.14}$$

【解答】 (1) まず表 4.5 のように表 4.4 の関数の双対関数の真理値表を作る．そしてこの真理値表に対するカルノー図を図 4.16 のように作って簡単化した NOT-AND-OR 形式の式を求めると次のようになる．

$$F_d(x_4, x_3, x_2, x_1) = x_3\bar{x}_1 \vee \bar{x}_3 x_1 \vee x_4\bar{x}_3\bar{x}_2 \vee x_4 x_2 x_1$$

最後にこの式の双対関数を求めれば，それは元の関数に戻り，また式の中の OR

表 4.4　関数 $F(x_4, x_3, x_2, x_1)$ の定義

x_4	x_3	x_2	x_1	$F(x_4, x_3, x_2, x_1)$
0	0	0	0	0
0	0	0	1	*
0	0	1	0	1
0	0	1	1	*
0	1	0	0	0
0	1	0	1	1
0	1	1	0	0
0	1	1	1	0
1	0	0	0	1
1	0	0	1	*
1	0	1	0	1
1	0	1	1	0
1	1	0	0	*
1	1	0	1	*
1	1	1	0	0
1	1	1	1	1

表 4.5　関数 $F_d(x_4, x_3, x_2, x_1)$ の真理値表

x_4	x_3	x_2	x_1	$F_d(x_4, x_3, x_2, x_1)$
0	0	0	0	0
0	0	0	1	1
0	0	1	0	*
0	0	1	1	*
0	1	0	0	1
0	1	0	1	0
0	1	1	0	*
0	1	1	1	0
1	0	0	0	1
1	0	0	1	1
1	0	1	0	0
1	0	1	1	1
1	1	0	0	*
1	1	0	1	0
1	1	1	0	*
1	1	1	1	1

x_4x_3 \ x_2x_1	00	01	11	10
00		1	*	*
01	1			*
11	*		1	*
10	1	1	1	

図 4.16　関数 $F_d(x_4, x_3, x_2, x_1)$ のカルノー図

と AND，そして 0 と 1 を入れ替えることで双対関数が求めるので，元の関数を NOT-OR-AND 形式で簡単化したものが得られることになる．この例では次のようになる．

$$
\begin{aligned}
&F(x_4, x_3, x_2, x_1)\\
&= (x_3 \vee \bar{x}_1) \cdot (\bar{x}_3 \vee x_1) \cdot (x_4 \vee \bar{x}_3 \vee \bar{x}_2) \cdot (x_4 \vee x_2 \vee x_1)
\end{aligned}
$$

(2)　式 (4.14) の AND と OR を入れ替えて，この式の双対関数 $F_d(x,y,z,w)$ を作った後で，定理 4.2 と 4.3 を使って，次のようにその式を変形していく．

$$\begin{aligned} F_d(x,y,z,w) &= \bar{x}yzw \vee x\bar{y}z\bar{w} \vee xy\bar{z}\bar{w} \vee \bar{x}\bar{y}w \vee \bar{z}w \\ &= yzw\bar{x} \vee xz\bar{y}\bar{w} \vee xy\bar{z}\bar{w} \vee w\bar{x}\bar{y} \vee w\bar{z} \\ &= yzw\bar{x} \vee xz\bar{y}\bar{w} \vee xy\bar{z}\bar{w} \vee w\overline{xz}\ \overline{yz} \qquad (4.15) \\ &= yzw\ \overline{xz} \vee xz\ \overline{yz}\bar{w} \vee xy\ \overline{yz}\bar{w} \vee w\overline{xz}\ \overline{yz} \\ &= \overline{\overline{\overline{yzw\ \overline{xz}}\ \overline{xz\ \overline{yz}\bar{w}}\ \overline{xy\ \overline{yz}\bar{w}}\ \overline{w\overline{xz}\ \overline{yz}}}} \end{aligned}$$

上式の最終行では，$\overline{xz}$ と $\overline{yz}$ を共用することによって，NAND 素子の数を減らしている．この最終行の式を NAND 形式の回路で実現した後で，NAND を NOR に変更すれば，図 4.17 の回路が得られる．この回路は，$F_d(x,y,z,w)$ の双対関数，すなわち元の関数 $F(x,y,z,w)$ を少ない数の NOR 素子を使って実現したものになっている． ■

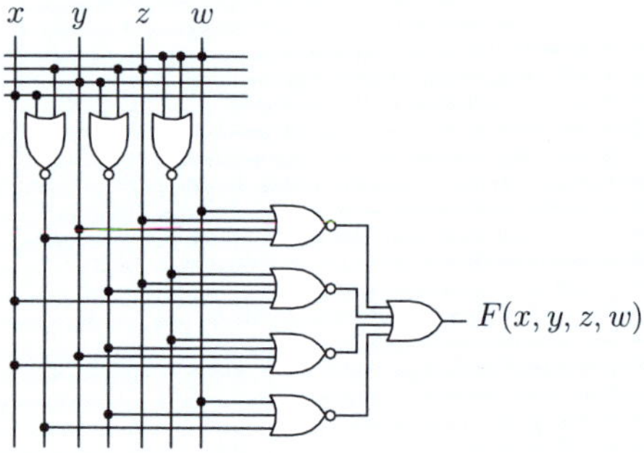

図 4.17　関数 $F(x_4,x_3,x_2,x_1)$ を NOR 形式で簡単化して実現した回路

4.6 既存論理回路の利用

既に別の目的のために構成した論理回路（既存論理回路）があるときに，それに新たな回路（追加回路）を図 4.18 のように追加することによって，新たな目的のための論理回路を構成することができる．またこのように既存回路を利用することによって，最初からすべての回路を構成し直す場合に要する素子数よりも，少ない素子数で構成できる追加回路によって，目的の回路を実現できる可能性がある．

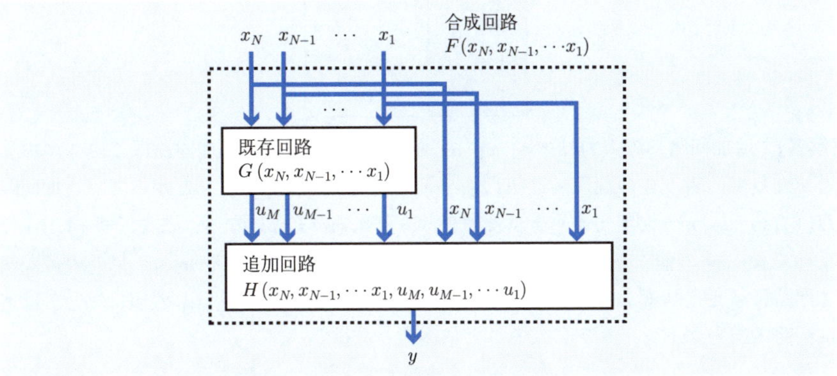

図 4.18 既存回路を利用した新規回路の構成

図 4.18 を見ると，追加で構成する部分には，本来の入力 $x_N, x_{N-1}, \cdots x_1$ に加えて，既存回路の出力 $u_M, u_{M-1}, \cdots u_1$ も入力として加えられるため，入力の数が増えて，一見したところ，既存回路を用いずに最初から構成し直す場合と比べて，かえって複雑になるような気がする．しかしながら，入力の数が増えても，本来の入力 $x_N, x_{N-1}, \cdots x_1$ と既存回路の出力 $u_M, u_{M-1}, \cdots u_1$ の間には従属関係があり，前者の値から後者の値は決まってしまうため，追加回路に入力する値の組合せは，本来あるべき 2^{N+M} 通りの一部である 2^N 通りに限られてしまう．入力することのない変数の値の組に対しては，出力はドントケアとなり，どのような出力を割り当てても構わない．そこで回路が簡単となるようにドントケアに対する出力を定めることによって，追加する部分の回路は入力変数の数が増えているのにも関わらず，かえって簡単になる場合が多いのである．次の例題を通じてそのことを体験することができる．

例題 4.4

式 (4.16) の論理関数を既に実現している論理回路があるときに，それを利用して，論理回路を追加して，表 4.6 の論理関数を簡単化して実現せよ．

$$u_2 = x_2 \vee x_1, \qquad u_1 = x_2\bar{x}_1 \tag{4.16}$$

表 4.6　関数 $F(x_2, x_1)$ の真理値表

x_2	x_1	$F(x_2, x_1)$
0	0	0
0	1	1
1	0	1
1	1	0

【解答】　追加回路への入力は，x_2, x_1, u_2, u_1 の 4 つになる．追加回路はこの 4 つの入力を使って，表 4.6 の論理関数 $F(x_2, x_1)$ を実現すればよい．したがって，追加回路 $H(x_2, x_1, u_2, u_1)$ が実現すべき真理値表は，表 4.7 のようになる．ここで式 (4.16) によって x_2, x_1 の値から u_2, u_1 の値は定まり，このように定まる u_2, u_1 以外の値が追加回路に与えられることがないので，与えられることのない u_2, u_1 の値に対しては追加回路の出力がドントケアになることに注意して欲しい．

最後に，表 4.7 に対してカルノー図を構成すると図 4.19 のようになり，大部分がドントケアとなるため，回路を簡単化するような囲み方が容易に見出せることがわかる．図に示す囲み方によって得られる追加回路の論理式は次式となり，追加回路を用いずに直接 x_1, x_2 から計算する場合の論理式 $y = x_1\bar{x}_2 \vee \bar{x}_1 x_2$ と比べると AND 素子を 1 つ節約できたことがわかる．

$$y = u_1 \vee \bar{x}_1 u_2$$

■

x_4x_3 \ u_2u_1	00	01	11	10
00		*	*	*
01	*	*	*	1
11	*	*	*	
10	*	*	1	*

図 4.19　追加回路を求めるためのカルノー図

表 4.7 関数 $H(x_2, x_1, u_2, u_1)$ の真理値表

x_2	x_1	u_2	u_1	$H(x_2, x_1.u_2, u_1)$
0	0	0	0	0
0	0	0	1	*
0	0	1	0	*
0	0	1	1	*
0	1	0	0	*
0	1	0	1	*
0	1	1	0	1
0	1	1	1	*
1	0	0	0	*
1	0	0	1	*
1	0	1	0	*
1	0	1	1	1
1	1	0	0	*
1	1	0	1	*
1	1	1	0	0
1	1	1	1	*

多段論理回路

図 4.18 のように回路 G と回路 H を組み合わせることで合成回路 F を構成しているが，このような論理構造を一般的に「多段論理」(Multi-Level Logic) と呼ぶ．多段論理は，これまで取り上げてきた NOT-AND-OR 形式のような 2 段論理構造（この場合 NOT 階層は段数に含まれない）が多数結合した構造を持ち，その設計には 2 段論理で使われてきた設計手法をベースとした様々な手法が開発されている．また，計算処理で重要となる算術論理回路（加減算器，乗算器，除算器，シフト演算器，浮動小数点演算器等）を構成する上でも多段論理構造が必要となる．さらに，最近の先端 LSI に見られるような数百万～数千万ゲートにも及ぶ大規模集積回路を設計するためには，これらの設計手法を組み込んだ計算機を使った設計支援システム（CAD: Computer Aided Design）による論理設計の自動化が実用化されている．

4.7　複数の出力を持つ論理回路の構成

複数の出力を持つ論理回路を構成する場合には，1 つの出力を持つ回路を出力の数だけ用意して，その 1 つ 1 つを独立に上述した方法で簡単化して実現すればよい．しかしながら，それぞれを独立に構成したら，本来であれば異なる出力の計算に共用できて 1 つで済むはずの回路が各出力に重複して用いられてしまうことがある．重複が多くなる場合には，回路を共用するようにすることで，全体として必要な論理素子の数を減らすことができる可能性がある．そこで本節では，複数の出力の計算にできるだけ同じ論理回路を共用するようにしながら，回路全体を簡単化する方法について説明する．

表 4.8　2 つの出力 y_1, y_2 を持つ論理回路の真理値表

x_3	x_2	x_1	y_1	y_2
0	0	0	1	0
0	0	1	0	0
0	1	0	*	0
0	1	1	1	1
1	0	0	0	*
1	0	1	1	*
1	1	0	0	1
1	1	1	*	*

まず複数の出力があるときに，そのそれぞれを計算する回路を極小項表現で構成する場合について，共用できる回路があるか検討してみよう．具体例として，表 4.8 の真理値表で定義された 2 つの出力 y_1, y_2 を持つ論理回路について説明する．ドントケアは最終的には簡単化に貢献するものだけを 1 に解釈して利用することになるが，最初は簡単化の機会を高めるようにすべて 1 としておく．y_1, y_2 のそれぞれを個別に極小項表現で表す場合には，それぞれ値が 1 となる場合に対応する極小項を用いる．したがって両出力の値が共に 1 となる場合に対応する極小項は両者に共通に存在し，共用できることがわかる．

まずは，このように共用できる極小項を明らかにして，それらだけを OR でつないで論理式を作り，それを簡単化すれば，簡単化した回路も共用できることになる．この論理式は，ドントケアを 1 とした上で，y_1, y_2 の両者が共に 1 になるような入力変数の組合せに対してだけ 1 となる関数となる．またこの論理式は，y_1, y_2 のそれぞれを独立に計算する関数を作るとそのいずれにも包含さ

れることになる．つまり共用する回路は，y_1, y_2 のそれぞれが 1 となる場合の一部においてのみ 1 を出力する．そして共用の回路で表しきれない残りの 1 を賄うように，y_1, y_2 のそれぞれに専用の論理回路を追加すればよいことになる．

x_3 \ x_2x_1	00	01	11	10
0			1	
1		1	*	

図 4.20　y_1 と y_2 の両者の共用項を求めるためのカルノー図

x_3 \ x_2x_1	00	01	11	10
0	1		1	*
1		1	*	

図 4.21　y_1 に対するカルノー図

x_3 \ x_2x_1	00	01	11	10
0			1	
1	*	*	*	1

図 4.22　y_2 に対するカルノー図

以上の方針に基づき，次の手順によって，y_1 と y_2 とで一部の回路を共用しながら，全体の回路を簡単化することにする．

(1)　ドントケアを 1 として，y_1, y_2 の両者が共に 1 になるような入力変数の値の組合せに対する極小項（共用する極小項）だけを OR でつないでできる論理式に，式 (4.1) を適用して統合を進めて主項を得る．主項は，カルノー図とクワイン-マクラスキーの方法のどちらで求めてもよい．ただしカルノー図を用いるときには，y_1, y_2 の両者が 1 の場合，及び一方が 1 で一方がドントケアの場合にはマス目に 1 を記入し，両者が共にドントケアの場合にはマス目にドントケアを記入し，これら以外の場合にはマス目は 0（省略して空欄）

とする．表 4.8 の例では，図 4.20 のカルノー図から次の主項が得られる．この主項（の一部）を OR でつないだものが共用する回路となる．

$$x_3x_1,\quad x_2x_1 \tag{4.17}$$

(2) ドントケアを 1 として，y_1 が 1 になるような入力変数の値の組合せに対する極小項だけを OR でつないでできる論理式に，式 (4.1) を適用して統合を進めて主項を得る．表 4.8 の例では，図 4.21 のカルノー図から次の主項が得られる．この主項（の一部）を OR でつないだものが y_1 用の専用回路となる．

$$\bar{x}_3\bar{x}_1\quad \bar{x}_3x_2,\quad x_3x_1,\quad x_2x_1 \tag{4.18}$$

(3) ドントケアを 1 として，y_2 が 1 になるような入力変数の値の組合せに対する極小項だけを OR でつないでできる論理式に，式 (4.1) を適用して統合を進めて主項を得る．表 4.8 の例では，図 4.22 のカルノー図から次の主項が得られる．この主項（の一部）を OR でつないだものが y_2 用の専用回路となる．

$$x_3,\quad x_2x_1 \tag{4.19}$$

(4) 以上で求めたすべての主項をそのまま用いると冗長である．そこでドントケアを 0 として，「y_1 が 1 になるような入力変数の値の組合せに対する極小項」と「y_2 が 1 になるような入力変数の値の組合せに対する極小項」を図 4.23 のように包含図の横軸方向に並べる．また「(1)，(2) および (3) で求めた主項」を同包含図の縦軸方向に並べる．そしてこの包含図を使い，包含関係の意味でできる限り大きな主項を使い，また主項の数をできるだけ減らすようにしながら，極小項のすべてを包含できるように主項を選ぶ．ただし，ここで注意することは，「y_1 用の主項」が「y_2 用の極小項」を図中の薄い青色の円で示されるように包含していても，「y_1 用の主項」を y_2 の表現には使ってはならず，y_1 の計算用の回路にだけ使うようにすると言うことである．誤って「y_1 用の主項」を使ってしまうと，それは y_2 が本来 0 の値を取らねばならないときに 1 の値を出力してしまう危険がある．同様に，「y_2 用の主項」が「y_1 用の極小項」を包含している場合も，「y_2 用の主項」を y_1 の表現に使ってはならない．「共用の主項」については，y_1 と y_2 の両方が 1 になるときにしか 1 にならないのでそうした心配は無用である．

(5) その結果，(1) で求めた主項が選ばれれば，その主項は共用する回路となるが，y_1, y_2 の個別の表現に不可欠となる主項で賄えてしまうような (1) の主項は無理に共用する必要はなく，使わない方が，結果的には回路が簡単になる．

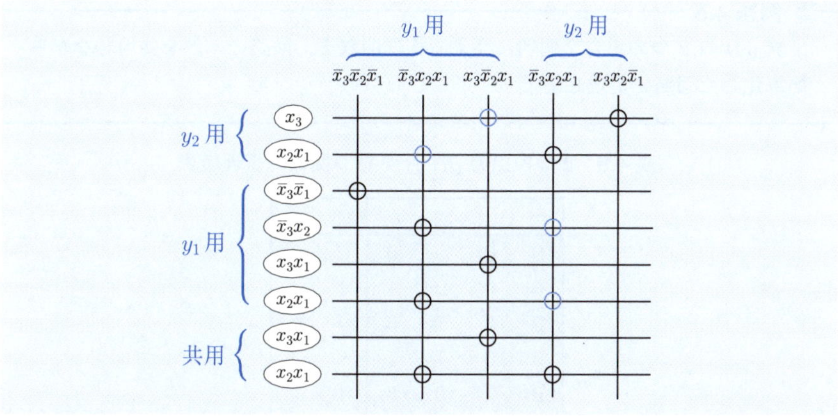

図 4.23 ドントケアを 0 として y_1, y_2 のそれぞれが 1 となる場合に対する極小項と主項の間の包含図

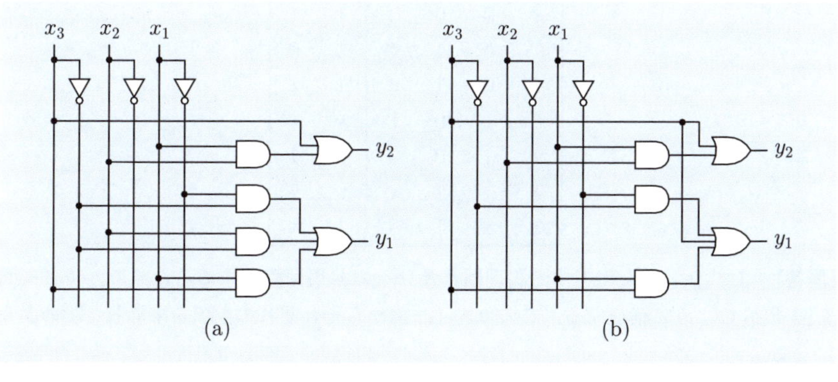

図 4.24 y_1, y_2 を個別に計算する回路 (a) と，回路の一部を共用しながら計算する回路 (b) の素子数の比較

表 4.8 の例に対して，上記の手続きを適用して得られた論理式は次式となる．

$$\begin{aligned} y_2 &= x_3 \vee x_2 x_1 \\ y_1 &= \bar{x}_3 \bar{x}_1 \vee x_3 x_1 \vee x_2 x_1 \end{aligned} \tag{4.20}$$

図 4.24 に，この論理式を回路で構成した場合と，y_1, y_2 のそれぞれを個別の回路で構成した場合を比較できるように示す．両者を比較すると共用化することで AND 素子が 1 個減ることがわかる．

例題 4.5

表 4.9 の 2 つの出力を個別に与える論理関数を，回路の一部を共用しながら簡単化した回路で実現せよ．

表 4.9 2 つの出力 y_1, y_2 を持つ関数の真理値表

x_4	x_3	x_2	x_1	y_2	y_1
0	0	0	0	*	1
0	0	0	1	1	*
0	0	1	0	*	0
0	0	1	1	*	*
0	1	0	0	1	0
0	1	0	1	0	1
0	1	1	0	*	*
0	1	1	1	0	*
1	0	0	0	1	0
1	0	0	1	1	1
1	0	1	0	1	0
1	0	1	1	1	*
1	1	0	0	*	*
1	1	0	1	0	1
1	1	1	0	*	1
1	1	1	1	1	*

【解答】 まず y_1, y_2 を出力する論理回路及びその共用回路を求めるためのカルノー図を図 4.25 のように構成する．このカルノー図からそれぞれの主項を求めると次のようになる．

共用回路の主項： $\bar{x}_3x_1$, $x_4x_2x_1$, $x_4x_3x_2$, $\bar{x}_4\bar{x}_3\bar{x}_2$, $x_4x_3\bar{x}_1$, $x_3x_2\bar{x}_1$

y_2用回路の主項： $\bar{x}_1$, $\bar{x}_3$, x_4x_2

y_1用回路の主項： x_1, x_3x_2, x_4x_3, $\bar{x}_4\bar{x}_3\bar{x}_2$

(4.21)

これらの主項と y_1, y_2 が 1 となる場合に対応する極小項との間で，図 4.26 の包含図を作り，共用する回路の主項を選ぶようにしながら y_1, y_2 を出力する論理式を構成すると次式のようになる．

$$
\begin{aligned}
y_2 &= \bar{x}_1 \vee \bar{x}_3 \vee x_4x_3x_2 \\
y_1 &= x_1 \vee \bar{x}_4\bar{x}_3\bar{x}_2 \vee x_4x_3x_2
\end{aligned}
\qquad (4.22)
$$

y_2

x_4x_3 \ x_2x_1	00	01	11	10
00	*	1	*	*
01	1			*
11	*		1	*
10	1	1	1	1

y_1

x_4x_3 \ x_2x_1	00	01	11	10
00	1	*	*	
01		1	*	*
11	*	1	*	1
10		1	*	

y_2 と y_1 の共用

x_4x_3 \ x_2x_1	00	01	11	10
00	1	1	*	
01				*
11	*		1	1
10		1	1	

図 4.25　y_1, y_2 を出力する論理回路及びその共用回路を求めるためのカルノー図

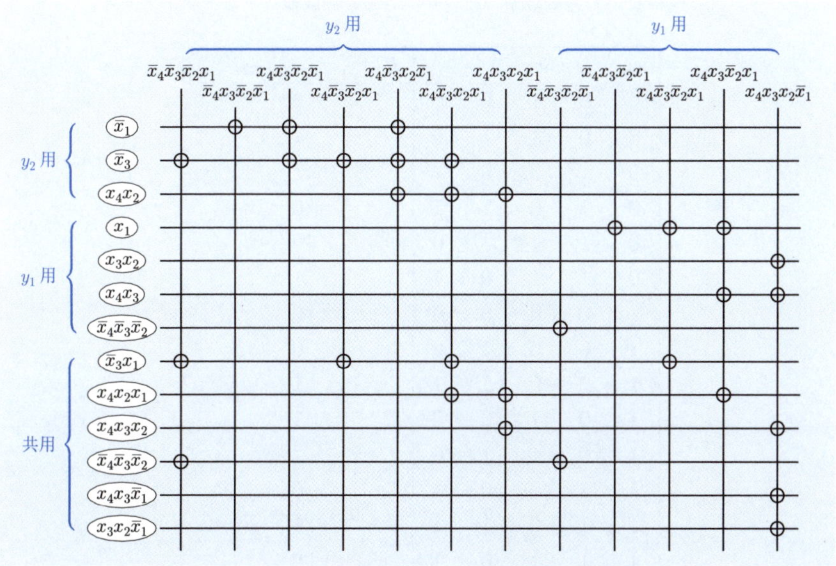

図 4.26　y_1, y_2 を出力する論理回路及びその共用回路を求めるための包含図

4章の問題

□**1** 多数決関数と閾値関数の簡単化と両者を一致させるための追加回路について次の質問に答えよ．

(1) 多数決関数 $M_{aj}(x_1, x_2, x_3, x_4, x_5)$ をカルノー図で示し，簡単化した NOT-AND-OR 形式で示せ．

(2) 閾値 2 の閾値関数 $H_2(x_1, x_2, x_3, x_4, x_5)$ を簡単化した NOT-OR-AND 形式で示せ．

(3) $M_{aj}(x_1, x_2, x_3, x_4, x_5)$ を $M_{aj}(x_1, x_2, x_3, x_4, 0)$ と $M_{aj}(x_1, x_2, x_3, x_4, 1)$ を用いて表せ．

(4) $H_2(x_1, x_2, x_3, x_4, x_5)$ を既存回路として用いて これに追加回路を加えて $M_{aj}(x_1, x_2, x_3, x_4, x_5)$ を構成せよ．ただし，答えは簡単化した NOT-AND-OR 形式で示すこと．

□**2** 表 4.10 の真理値表で表される論理関数をクワイン-マクラスキー法で簡単化して実現せよ．

表 4.10 論理関数 $F(x_5, x_4, x_3, x_2, x_1)$ の真理値表（この表に定義されていない入力変数値の組合せに対する関数値はドントケアとする）

x_5	x_4	x_3	x_2	x_1	$F(x_5, x_4, x_3, x_2, x_1)$
0	0	1	0	0	0
0	0	1	1	0	1
0	1	0	0	1	1
0	1	0	1	1	0
0	1	1	0	0	0
0	1	1	0	1	1
1	0	0	0	0	0
1	0	0	1	0	0
1	0	0	1	1	1
1	0	1	0	0	1
1	0	1	1	0	1
1	1	0	0	1	0
1	1	0	1	1	1
1	1	1	0	1	0
1	1	1	1	0	1

□**3** 次の 2 つの出力 y_2，y_1 を入力 x_3, x_2, x_1 から計算する論理回路をできるだけ回路を共通に利用して簡単化して実現せよ．次の各手順に従って最後に回路図も書くこと．

x_3	x_2	x_1	y_2	y_1
0	0	0	0	0
0	0	1	1	0
0	1	0	1	1
1	0	1	1	1
1	1	0	0	0
1	1	1	0	0

(1) y_1，y_2，y_1y_2 のそれぞれについて，主項を求めよ．

(2) y_1y_2 の主項をできるだけ共用するようにして y_1，y_2 のそれぞれを計算する論理式を簡単化した NOT-AND-OR 形式で求めよ．回路図も示せ．

□**4** NAND 形式の回路の簡単化について以下の各問いに答えよ．

(1) NOT ゲート，AND ゲート，OR ゲートをすべて NAND ゲートだけで表せることを示せ．ゲートの回路シンボルと式の両者で示せ．

(2) NOT-AND-OR 形式で表された $f(x, y, z) = x\bar{y}\bar{z} \vee \bar{x}z$ を上記の関係に基づき，NAND ゲートのみを用いて 3 段の回路構成（回路図）で示せ．ただしここでは簡単化しないでよい．

(3) 任意の論理回路は，ヘッド H_i とテイル τ_i を用いて $H_1\tau_1 \vee H_2\tau_2 \vee \cdots$ のような標準形式で表される．この標準形が NAND ゲートのみで構成した回路と一対一に対応する． 上で求めた回路に対応するように，$f(x, y, z) = x\bar{y}\bar{z} \vee \bar{x}z$ を標準形で表せ．

(4) 上記の標準形を変形して NAND 形式の回路を簡単化して，簡単化前と素子数を比較せよ．

□**5** 次の 3 入力 x_3, x_2, x_1 に関する論理関数を既存の回路 $u = x_1 \vee x_2\bar{x}_3$ を利用して追加関数 $y = f(x_3, x_2, x_1, u)$ を構成することによって実現せよ．追加関数は NOT-AND-OR 形式で簡単化して論理式で表現せよ．

x_3	x_2	x_1	y
0	0	0	0
0	0	1	1
0	1	0	1
0	1	1	*
1	0	0	*
1	0	1	1
1	1	0	0
1	1	1	0

第5章

順序回路の構成

順序回路は，内部に状態を保存するメモリ回路（本書では「遅延回路」と呼ぶ）と，状態と入力を元に出力や「次の状態」を決定する組合せ回路からなり，この構造のために，回路の出力が現在の入力だけでなく過去に遡った入力に依存するような複雑な振舞いが可能となる．

ここでは，順序回路の例として，カウンタ，自動販売機，パターン検出器の設計を具体的に取り上げる他，以下の項目について詳しく見ていく．

- 入力集合，状態集合，出力集合，状態遷移関数，出力関数，状態遷移表，状態遷移図，状態割当て，論理回路の複雑さの指標：NOT-AND 項数，リテラル数

5.1 順序回路の基本構成

組合せ回路は，論理関数によってその動作が定義される．この論理関数が定義するものは，現在の入力値に対する現在の出力値への写像であり，過去の入力値は出力値になんら影響を与えることはない．

一方，本章から扱う**順序回路**は，現在の入力だけでなく，過去の入力も出力に影響を与えるという特徴を持つ．この特徴を理解するために，まず始めに簡単な順序回路の例を考えてみよう．

N 進カウンタ

1 変数入力において，現在までの入力系列に含まれる 1 の個数を M とする．1 が入力され，かつ，この 1 を含めた M が N（$N \geq 1$）の倍数のとき 1 を出力し，これ以外の場合 0 を出力する．

ここでいう**入力系列**とは，一定の時間間隔で値が更新される入力値の**時系列**を意味する．表 5.1 は，$N = 3$ の 3 進カウンタの動作を示している．これを見てわかるように，入力系列中の 1 が 3 つ現れるたびに 1 を出力するという単純な動作を繰り返す．しかし，入力が 1 の場合，出力が 0 の場合もあれば 1 の場合もあり，明らかに組合せ回路だけではこの動作を実現することができない．

表 5.1　3 進カウンタの動作

時点	0	1	2	3	4	5	6	7	8	9	10	11	12	13	$\cdots$
入力	0	0	1	1	0	1	1	1	1	0	1	0	1	1	$\cdots$
出力	0	0	0	0	0	1	0	0	1	0	0	0	0	1	$\cdots$

順序回路がこのように過去の入力系列に依存した動作を行うことができる仕組みは，過去の入力系列の振舞いを**状態**という形で回路内部に取り込み，入力と状態から出力を決定するという構成にある．

5.1.1 順序回路における信号の時点表記

順序回路は，連続的に経過する時間を一定の時間間隔で区切った離散的な**時点**においてのみ動作する．現在の時点を**現時点**，現時点より 1 つ前の時点を**前時点**，現時点より 1 つ後の時点を**次時点**とそれぞれ呼ぶことにする．

また，信号 $\boldsymbol{s}$ について，現時点から k 時点後の信号を $\boldsymbol{s}^{(k)}$ と表記する．つまり，前時点の信号は $\boldsymbol{s}^{(-1)}$，次時点の信号は $\boldsymbol{s}^{(1)}$ となる．また，現時点の信号は $\boldsymbol{s}^{(0)}$ とすべきだが，式の見やすさのために特別な断りがない限り時点表記を

省略して $\boldsymbol{s}$ と書くことにする．

時点を具体的に定義するものは，**クロック**と呼ばれる 0 と 1 を周期的に繰り返す信号であるが，詳細については 6.1 節において説明する．

5.1.2　順序回路の動作定義

ここでは，順序回路の動作を定義するために必要な記述について述べ，さらに順序回路の回路構造を明らかにする．

定義 5.1（入力集合・出力集合・状態集合）

順序回路の**入力** $\boldsymbol{x}$ が取り得る値の集合を**入力集合** $\boldsymbol{X}$，**出力** $\boldsymbol{z}$ が取り得る値の集合を**出力集合** $\boldsymbol{Z}$，**状態** $\boldsymbol{q}$ が取り得る値の集合を**状態集合** $\boldsymbol{Q}$ とそれぞれ呼ぶ．すなわち，

$$\begin{aligned} \boldsymbol{x} &\in \boldsymbol{X} = \{X_0, X_1, \cdots, X_{N-1}\} \\ \boldsymbol{z} &\in \boldsymbol{Z} = \{Z_0, Z_1, \cdots, Z_{M-1}\} \\ \boldsymbol{q} &\in \boldsymbol{Q} = \{Q_0, Q_1, \cdots, Q_{K-1}\} \end{aligned} \tag{5.1}$$

定義 5.2（状態遷移関数）

現時点の状態 $\boldsymbol{q}$ は，「前時点までのすべての過去の入力系列の振舞いを反映した情報」であり，現時点の入力と現時点の状態から次時点の状態（**次状態**と呼ぶ）が決定する．次状態 $\boldsymbol{q}^{(1)}$ は，現時点の入力 $\boldsymbol{x}$ と現時点の $\boldsymbol{q}$ からの写像を定義する**状態遷移関数** $\boldsymbol{\delta}$ によって決定される．

$$\boldsymbol{q}^{(1)} = \boldsymbol{\delta}(\boldsymbol{x}, \boldsymbol{q}) \tag{5.2}$$

次状態 $\boldsymbol{q}^{(1)}$ から現状態 $\boldsymbol{q}$ への変換は，**遅延回路**によって実現される．

定義 5.3（出力関数）

現時点の出力 $\boldsymbol{z}$ は，現時点の入力 $\boldsymbol{x}$ と現時点の状態 $\boldsymbol{q}$ からの写像を定義する**出力関数** $\boldsymbol{\omega}$ によって決定される．

$$\boldsymbol{z} = \boldsymbol{\omega}(\boldsymbol{x}, \boldsymbol{q}) \tag{5.3}$$

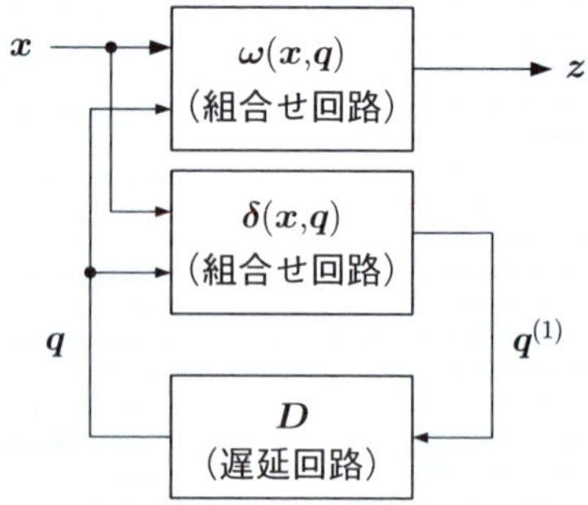

図 5.1 順序回路の構成

定義 5.4（順序回路の形式的表記）

順序回路は，入力集合 $\boldsymbol{X}$，状態集合 $\boldsymbol{Q}$，出力集合 $\boldsymbol{Z}$，状態遷移関数 $\boldsymbol{\delta}$ 及び出力関数 $\boldsymbol{\omega}$ によってその動作仕様が定義され，順序回路の形式的表記を $M(\boldsymbol{X}, \boldsymbol{Q}, \boldsymbol{Z}, \boldsymbol{\delta}, \boldsymbol{\omega})$ と表す．

図 5.1 に順序回路の一般的な構成図を示す．ここには，入力 $\boldsymbol{x}$ と出力 $\boldsymbol{z}$ の他に，遅延回路が出力する状態 $\boldsymbol{q}$ と $\boldsymbol{\delta}(\boldsymbol{x}, \boldsymbol{q})$ が出力する次状態 $\boldsymbol{q}^{(1)}$ があり，$\boldsymbol{\delta}(\boldsymbol{x}, \boldsymbol{q})$ と $\boldsymbol{\omega}(\boldsymbol{x}, \boldsymbol{q})$ はいずれも組合せ回路であることを示唆している．つまり，過去の入力に依存して時間とともに動作がダイナミックに変化するという性質は，組合せ回路と遅延回路を通して帰還（feedback）する構造によって生まれるのである．遅延回路の詳細については，6.1 節で説明する．

式 (5.3) に示した出力関数 $\boldsymbol{z} = \boldsymbol{\omega}(\boldsymbol{x}, \boldsymbol{q})$ は，現時点の入力と現状態によって現時点の出力が決定されることを示している．このような一般的な順序回路を**ミーリー（Mealy）型**と呼ぶ．これに対して，出力が現状態のみによって決定される（つまり現時点の入力には依存しない）順序回路を**ムーア（Moore）型**と呼び，出力関数は $\boldsymbol{z} = \boldsymbol{\omega}'(\boldsymbol{q})$ と簡略化できる．

入力集合 $\boldsymbol{X}$ と出力集合 $\boldsymbol{Z}$ については，順序回路の動作仕様によって具体的な 2 値の組として明確に定義される場合が多い．一方，状態集合 $\boldsymbol{Q}$ については，K 個の異なる状態が表現できればよく，具体的な 2 値の組の与え方は自由である．したがって，順序回路の動作を定義する上では，状態集合は抽象的な**シンボル**の集合として定義しておき，後の 5.3 節で説明する**状態割当て**によって抽象的な状態シンボルに対して具体的な 2 値の組を割り当てることにより，順序回路の動作を実現する具体的な論理関数を導出することになる．

5.1.3　状態遷移関数と出力関数の導出

順序回路の状態 $\boldsymbol{q}$ は，過去の入力系列の振舞いを表現するための便宜的な変数であるが，ここでは，式 (5.2) の状態遷移関数と式 (5.3) の出力関数が具体的にどのような背景から導入されたのかを考えてみよう．

最初に紹介した N 進カウンタの例のように，現時点の出力 $\boldsymbol{z}$ は過去から現在までの入力系列に依存するが，これは以下の式で表現できる．

$$\boldsymbol{z}^{(0)} = \Omega(\boldsymbol{x}^{(0)}, \boldsymbol{x}^{(-1)}, \boldsymbol{x}^{(-2)}, \cdots) \tag{5.4}$$

ここでは，時点の関係を明確にするために，現時点における時点表記を省略せずに表している．論理関数 Ω は，現時点までのすべての入力系列に関する論理関数であるが，このように無限個の入力系列を変域とする論理関数を実現することは現実的には不可能である．このため，状態 $\boldsymbol{q}$ の導入が不可欠となる．状態 $\boldsymbol{q}$ は，前時点までのすべての過去の入力系列の振舞いを反映しているので，以下のように定義できる．

$$\boldsymbol{q}^{(0)} = \Phi(\boldsymbol{x}^{(-1)}, \boldsymbol{x}^{(-2)}, \boldsymbol{x}^{(-3)}, \cdots) \tag{5.5}$$

ただし，このままでは依然として無限個の入力系列を変域とする実現不可能な論理関数の形をしているので，これを次時点の状態に関する式として書き直すと，

$$\boldsymbol{q}^{(1)} = \Phi(\boldsymbol{x}^{(0)}, \boldsymbol{x}^{(-1)}, \boldsymbol{x}^{(-2)}, \cdots) \tag{5.6}$$

となり，式 (5.6) において $\boldsymbol{x}^{(-1)}, \boldsymbol{x}^{(-2)}, \cdots$ の入力系列の情報を，式 (5.5) で与えられる現時点の状態 $\boldsymbol{q}^{(0)}$ に置き換えることによって，式 (5.2) の状態遷移関数が導き出される．

$$\boldsymbol{q}^{(1)} = \boldsymbol{\delta}(\boldsymbol{x}^{(0)}, \boldsymbol{q}^{(0)}) \tag{5.7}$$

つまり，状態遷移関数とは，入力系列から状態を定義する関数を，再帰的な状態の更新の手続きとして書き直したものである．

同様に，式 (5.4) において $\boldsymbol{x}^{(-1)}, \boldsymbol{x}^{(-2)}, \cdots$ の入力系列の情報を現時点の状態 $\boldsymbol{q}^{(0)}$ に置き換えることによって，式 (5.3) の出力関数が導き出される．

$$\boldsymbol{z}^{(0)} = \boldsymbol{\omega}(\boldsymbol{x}^{(0)}, \boldsymbol{q}^{(0)}) \tag{5.8}$$

ここで，具体的に 3 進カウンタの状態集合 $\boldsymbol{Q}$ を考えてみよう．この順序回路は，現時点までの入力系列に含まれる 1 の個数 M について，1 が入力して M が 3 の倍数になったのとき 1 を出力し，これ以外の場合 0 を出力するので，状態集合 $\boldsymbol{Q}$ を次のように定めることができる．

$$\boldsymbol{Q} = \begin{cases} Q_0 : M \text{ が 3 の倍数である状態} \\ Q_1 : M-1 \text{ が 3 の倍数である状態} \\ Q_2 : M-2 \text{ が 3 の倍数である状態} \end{cases} \tag{5.9}$$

このような状態集合の定義に基づいて，表5.1の3進カウンタの動作に各時点の状態を書き加えると表5.2のようになる．ここで，「現状態」は「前時点」までの1の個数 M に関する状態であり，「次状態」は「現時点」までの1の個数 M に関する状態を反映していることに注意せよ．

表 5.2 3進カウンタの動作における状態遷移

時点	0	1	2	3	4	5	6	7	8	9	10	11	12	13	⋯
$\boldsymbol{x}$（入力）	0	0	1	1	0	1	1	1	1	0	1	0	1	1	⋯
$\boldsymbol{q}$（現状態）	Q_0	Q_0	Q_0	Q_1	Q_2	Q_2	Q_0	Q_1	Q_2	Q_0	Q_0	Q_1	Q_1	Q_2	⋯
$\boldsymbol{q}^{(1)}$（次状態）	Q_0	Q_0	Q_1	Q_2	Q_2	Q_0	Q_1	Q_2	Q_0	Q_0	Q_1	Q_1	Q_2	Q_0	⋯
$\boldsymbol{z}$（出力）	0	0	0	0	0	1	0	0	1	0	0	0	0	1	⋯

一方，状態遷移関数 $\boldsymbol{\delta}$ と出力関数 $\boldsymbol{\omega}$ について考えると，入力集合 $\boldsymbol{X} = \{0,1\}$ と状態集合 $\boldsymbol{Q} = \{Q_0, Q_1, Q_2\}$ の直積 $\boldsymbol{X} \times \boldsymbol{Q}$ が，これら2つの関数 $\boldsymbol{\delta}$ と $\boldsymbol{\omega}$ の**共通の変域**であり，全部で6通りの組合せが存在する．$\boldsymbol{x} = 0$ の場合，1の個数 M は変化しないため，状態も変化しない．$\boldsymbol{x} = 1$ の場合，M が1だけ増加し，それに伴い状態が遷移する．一方，出力は $\boldsymbol{q} = Q_2$，$\boldsymbol{x} = 1$ のときに1となり，これ以外では0である．

$$\begin{aligned} &\boldsymbol{\delta}(0, Q_0) = Q_0 \qquad &&\boldsymbol{\omega}(0, Q_0) = 0 \\ &\boldsymbol{\delta}(0, Q_1) = Q_1 &&\boldsymbol{\omega}(0, Q_1) = 0 \\ &\boldsymbol{\delta}(0, Q_2) = Q_2 &&\boldsymbol{\omega}(0, Q_2) = 0 \\ &\boldsymbol{\delta}(1, Q_0) = Q_1 &&\boldsymbol{\omega}(1, Q_0) = 0 \\ &\boldsymbol{\delta}(1, Q_1) = Q_2 &&\boldsymbol{\omega}(1, Q_1) = 0 \\ &\boldsymbol{\delta}(1, Q_2) = Q_0 &&\boldsymbol{\omega}(1, Q_2) = 1 \end{aligned} \tag{5.10}$$

5.1.4 状態遷移表と状態遷移図

状態が抽象的なシンボルとして表現される場合，状態遷移関数と出力関数は明示的な論理式として定義することはできない．この場合，式(5.10)で示したような状態遷移関数と出力遷移関数の共通の変域（入力と状態の組合せ）に対する出力を表形式で表した**状態遷移表**を使うことができる（表5.3）．

表 5.3 3 進カウンタの状態遷移表

Q \ X	δ 0	δ 1	ω 0	ω 1
Q_0	Q_0	Q_1	0	0
Q_1	Q_1	Q_2	0	0
Q_2	Q_2	Q_0	0	1

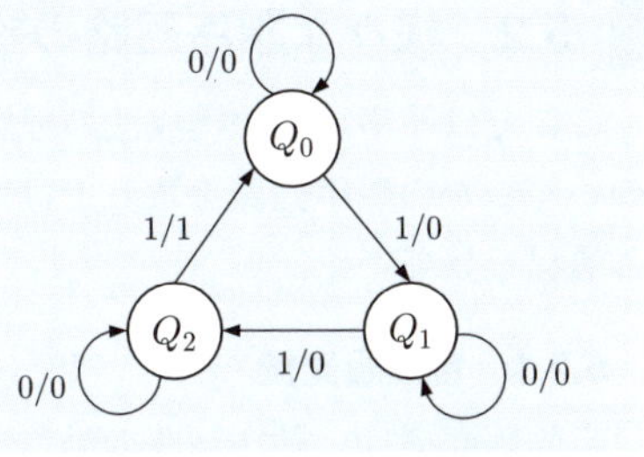

図 5.2 3 進カウンタの状態遷移図

また，状態遷移表をより直観的な図式表現したものが**状態遷移図**である(図 5.2)．状態遷移図は，状態遷移表の情報を**有向グラフ**（directed graph）として表現し，そこでは，グラフの**頂点**（vertex）が状態を表し，グラフの**有向辺**（directed edge）が状態の遷移を表す（これを**状態遷移辺**と呼ぶことにする)．さらに，この状態遷移辺に付記されたラベルは，その状態遷移のときの入力値と出力値を示している．例えば，Q_0 から Q_1 への状態遷移辺には，「1/0」というラベルが付いており，このときの入力値が 1，出力値が 0 であることを示している．

5.1.5 初期状態

これまで，順序回路は過去のすべての入力系列によって出力が決定される，としてきたが，厳密には無限の過去を想定しているわけではなく，**時点の始まり**というものが存在し，その時点から順序回路が動作を開始し，この動作が無限に繰り返し得ることを想定しているのである．この時点の始まりにおいては，入力系列の長さが 0 であり（まだ入力が存在しない)，そのときの状態を**初期状態**と呼ぶ．通常の順序回路においては，初期状態は予め定められており，順序回路の動作を開始するときは，必ずこの初期状態にあるという前提の上で，順序回路の設計を行う場合がほとんどである．このような背景から，定義 5.4 で紹介した順序回路の動作仕様表記として，初期状態 Q_{init} を明示して，$M(\boldsymbol{X}, \boldsymbol{Q}, \boldsymbol{Z}, \boldsymbol{\delta}, \boldsymbol{\omega}, Q_{init})$ と拡張する場合も多い．

例えば，3 進カウンタの例では，入力系列に含まれる 1 の個数 M が 0 なので，初期状態は $Q_{init} = Q_0$ である．

5.2 様々な順序回路の設計

ここでは順序回路の構成法の理解をさらに深めるために，N 進カウンタ以外のいくつかの順序回路を取り上げて，これらの状態遷移表や状態遷移図の導出の過程を見ていく．

5.2.1 自動販売機

自動販売機は，順序回路の動作設計を考える上でよく取り上げられる例である．ここでは，単純な自動販売機の動作仕様を最初に考える．

自動販売機 (I)

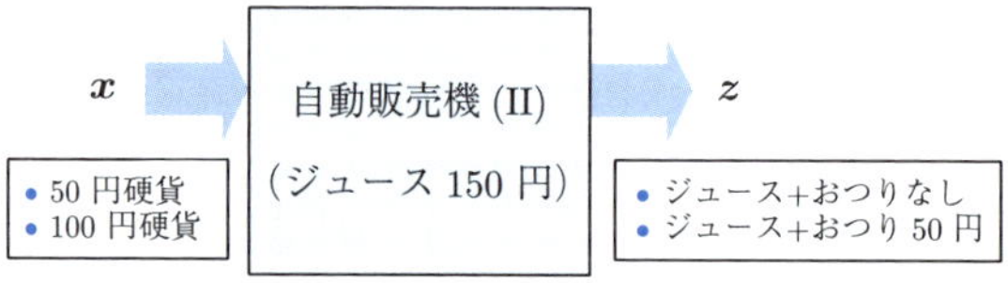

以下の仕様を満たす自動販売機を制御する順序回路を考える．

(1) 100 円硬貨と 50 円硬貨だけを投入できる．

(2) 150 円以上を投入したとき，150 円のジュースとおつりを出力する．

入力集合 $\boldsymbol{X}$ と出力集合 $\boldsymbol{Z}$ は以下の通りとする．

$$\boldsymbol{x} \in \boldsymbol{X} = \{X_0, X_{50}, X_{100}\},\ \boldsymbol{z} \in \boldsymbol{Z} = \{Z_0, Z_J, Z_{JC}\}$$

ここで，X_0 は何も投入されていないことを示し，X_{50}, X_{100} はそれぞれ 50 円硬貨または 100 円硬貨が投入されたことを示す．また，Z_0 は何も出力せず，Z_J はジュースを出力し，Z_{JC} はジュースと 50 円のおつりを出力することを示す．

上記の自動販売機の順序回路の状態として，投入した硬貨の合計金額に対応させると，状態集合として $\boldsymbol{q} \in \boldsymbol{Q} = \{Q_0, Q_{50}, Q_{100}\}$ を得る．ここでは，150 円以上を投入したときに，その時点でジュースとおつりを出力することを想定していて，そのため 150 円以上に対応する状態は必要ない．次にそれぞれの状態における状態遷移と出力を考える．

- $\boldsymbol{q} = Q_0$：投入金額 $\boldsymbol{x}$ に応じて Q_0, Q_{50}, Q_{100} に遷移し，何も出力しない（$\boldsymbol{z} = Z_0$）．
- $\boldsymbol{q} = Q_{50}$：$\boldsymbol{x} = X_{100}$ の場合，合計金額がちょうど 150 円なのでジュースを出力し（$\boldsymbol{z} = Z_J$）状態 Q_0 に遷移する．これ以外の入力の場合は，投入金額

$\boldsymbol{x}$ に応じて Q_{50}, Q_{100} に遷移し，何も出力しない（$\boldsymbol{z} = Z_0$）．

- $\boldsymbol{q} = Q_{100}$：$\boldsymbol{x} = X_{100}$ の場合，合計金額が 200 円なのでジュースとおつり 50 円を出力し（$\boldsymbol{z} = Z_{JC}$）状態 Q_0 に遷移する．$\boldsymbol{x} = X_{50}$ の場合，合計金額が 150 円なのでジュースを出力し（$\boldsymbol{z} = Z_J$）状態 Q_0 に遷移する．$\boldsymbol{x} = X_0$ の場合は，何も出力せず（$\boldsymbol{z} = Z_0$）状態 Q_{100} に留まる．

これらの動作を反映した状態遷移表を表 5.4 に示し，状態遷移図を図 5.3 に示す．

次に，自動販売機 (I) の仕様を少し変えた順序回路を考えよう．

表 5.4　自動販売機 (I) の状態遷移表

	$\boldsymbol{\delta}$			$\boldsymbol{\omega}$		
$\boldsymbol{Q}$ ＼ $\boldsymbol{X}$	X_0	X_{50}	X_{100}	X_0	X_{50}	X_{100}
Q_0	Q_0	Q_{50}	Q_{100}	Z_0	Z_0	Z_0
Q_{50}	Q_{50}	Q_{100}	Q_0	Z_0	Z_0	Z_J
Q_{100}	Q_{100}	Q_0	Q_0	Z_0	Z_J	Z_{JC}

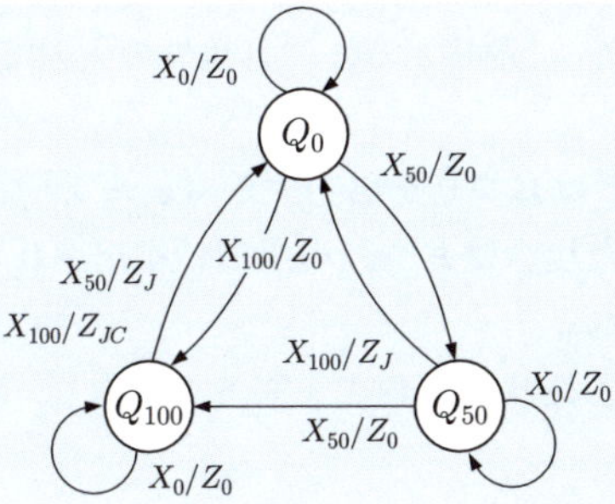

図 5.3　自動販売機 (I) の状態遷移図

表 5.5　自動販売機 (II) の状態遷移表

	$\boldsymbol{\delta}$			$\boldsymbol{\omega}$		
$\boldsymbol{Q}$ ＼ $\boldsymbol{X}$	X_0	X_{50}	X_{100}	X_0	X_{50}	X_{100}
Q_0	Q_0	Q_{50}	Q_{100}	Z_0	Z_0	Z_0
Q_{50}	Q_{50}	Q_{100}	Q_0	Z_0	Z_0	Z_J
Q_{100}	Q_{100}	Q_0	Q_C	Z_0	Z_J	Z_J
Q_C	Q_0	Q_0	Q_0	Z_C	Z_C	Z_C

自動販売機 (II)

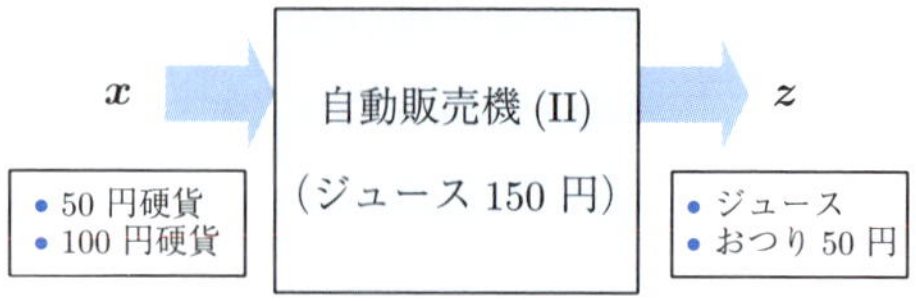

自動販売機 (I) の仕様において，150 円のジュースと 50 円のおつりを出力する場合，まずジュースを出力した後，次の時点でおつりを出力する．ここで，出力集合 $\boldsymbol{Z}$ は $\boldsymbol{z} \in \boldsymbol{Z} = \{Z_0, Z_J, Z_C\}$ とし，Z_0 は何も出力せず，Z_J はジュースを出力し，Z_C は 50 円のおつりを出力することを示す．また，おつりを出力しているときに投入した硬貨は，そのままおつりの出口に排出されるものとする．

この場合，おつりを出力する状態 Q_C を追加し，状態集合を $\boldsymbol{q} \in \boldsymbol{Q} = \{Q_0, Q_{50}, Q_{100}, Q_C\}$ とする．Q_{100}, Q_C における状態遷移は以下のようになる．

- $\boldsymbol{q} = Q_{100}$：$\boldsymbol{x} = X_{100}$ の場合，おつり 50 円が発生するので，ジュースを出力し（$\boldsymbol{z} = Z_J$）状態 Q_C に遷移する．これ以外の入力では自動販売機 (I) と同様の動作をする．
- $\boldsymbol{q} = Q_C$：この状態ではおつりを出力する（$\boldsymbol{z} = Z_C$）．また，この状態において硬貨が投入された場合はおつりの出口に排出されるので，すべての入力について Q_0 に遷移する．

これらの動作を反映した状態遷移表を表 5.5 に示し，状態遷移図を図 5.4 に示す．

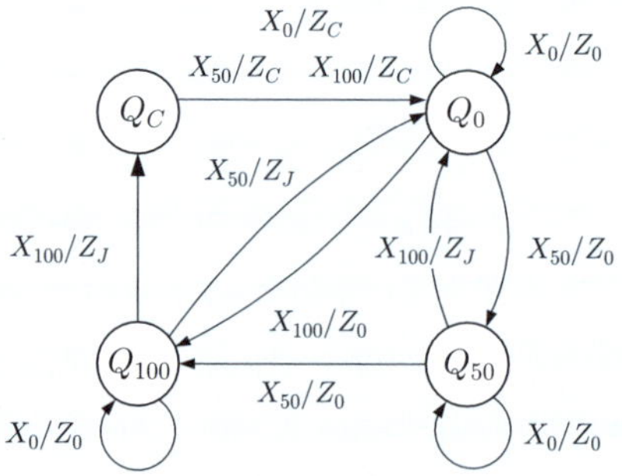

図 5.4 自動販売機 (II) の状態遷移図

5.2.2 パターン検出器

入力系列中に所望のパターンを検出する順序回路は，情報通信分野を始め幅広い応用範囲がある．次はこのパターン検出器の設計を考える．

11011 パターン検出器

1 変数入力 $x = \{0, 1\}$ において，11011 の入力系列のパターンが入力された場合 $z = 1$ を出力し，それ以外の場合 $z = 0$ を出力する．ただし，11011 のパターンが重複して出現した場合でもこれらを検知するものとする．例えば，以下に示す入力系列においては，11011 のパターンが 1〜5 の時点と 4〜8 の時点に重複して出現しているが，これらを検知して時点 5 と時点 8 で出力が 1 になっている．

時点	0	1	2	3	4	5	6	7	8	9	⋯
x（入力）	0	1	1	0	1	1	0	1	1	1	⋯
z（出力）	0	0	0	0	0	1	0	0	1	0	⋯

このパターン検出器の実現方法はいくつか存在するが，ここでは最小の状態数で実現する方法を考える．

まず，検出する長さ N の系列パターンを $P_N = \alpha_1\alpha_2\cdots\alpha_N$ とし，P_N の先頭 i 個の部分系列を $P_i = \alpha_1\alpha_2\cdots\alpha_i$ $(i = 1, 2, \cdots, N)$ と表す．さらに，便宜的に長さ 0 の系列を P_0 とする[1)]．ここで，系列 P_i $(i = 0, 1, \cdots, N-1)$ を検出した状態を Q_i と定めて，N 個の状態集合 $\boldsymbol{Q} = \{Q_0, Q_1, \cdots, Q_{N-1}\}$ によってこのパターン検出器を構成する．特に，Q_0 は長さ 0 の系列 P_0 を検出した状態，つまり初期状態である．また，状態 Q_i において検出されている入力系列 P_i に入力 x を付加した入力系列を $P_{i,x}$ と表すことにする．表 5.6 には，11011 パターン検出器における部分系列 P_i と各入力 $x = 0, 1$ に対する $P_{i,x}$ を示している．

さらに表 5.6 中の下線部は，$P_{i,x}$ の「末尾部分」と一致する最長の P_N の部分系列 P_j $(1 \leq j \leq i+1)$ を示している．このように $P_{i,x}$ の末尾部分と一致する P_N の部分系列 P_j が存在する場合，状態 Q_i において x が入力した時，この P_j を検出した状態 Q_j に遷移する．

1) 長さ 0 の系列については，7.1.1 項（156 ページ）において詳しく議論する．

表 5.6　11011パターン検出器における入力系列 ($P_{i,x}$)

P_i ＼ X	0	1
P_0 : −	0	$\underline{1}$
P_1 : 1	10	$\underline{11}$
P_2 : 11	$\underline{110}$	$1\underline{11}$
P_3 : 110	1100	$\underline{1101}$
P_4 : 1101	11010	$110\underline{11}$

表 5.7　11011パターン検出器の状態遷移表

	$\boldsymbol{\delta}$		$\boldsymbol{\omega}$	
$\boldsymbol{Q}$ ＼ $\boldsymbol{X}$	0	1	0	1
Q_0	Q_0	Q_1	0	0
Q_1	Q_0	Q_2	0	0
Q_2	Q_3	Q_2	0	0
Q_3	Q_0	Q_4	0	0
Q_4	Q_0	Q_2	0	1

$$
\begin{array}{llll}
P_{0,1} = \underline{1} & (P_1 : 1) & \rightarrow & \boldsymbol{\delta}(1, Q_0) = Q_1 \\
P_{1,1} = \underline{11} & (P_2 : 11) & \rightarrow & \boldsymbol{\delta}(1, Q_1) = Q_2 \\
P_{2,0} = \underline{110} & (P_3 : 110) & \rightarrow & \boldsymbol{\delta}(0, Q_2) = Q_3 \\
P_{2,1} = 1\underline{11} & (P_2 : 11) & \rightarrow & \boldsymbol{\delta}(1, Q_2) = Q_2 \\
P_{3,1} = \underline{1101} & (P_4 : 1101) & \rightarrow & \boldsymbol{\delta}(1, Q_3) = Q_4 \\
P_{4,1} = 110\underline{11} & (P_2 : 11) & \rightarrow & \boldsymbol{\delta}(1, Q_4) = Q_2
\end{array}
\qquad (5.11)
$$

上記以外では，$P_{i,x}$ の末尾部分と一致する P_N の部分系列は存在せず，このことは「末尾部分と一致する最長の P_N の部分系列は P_0 である」と解釈できるので，したがってすべて状態 Q_0 に遷移する．

また，出力に関しては，$P_{i,x} = P_N$ となって検出パターンが出現した場合に，$\boldsymbol{\omega}(Q_i, x) = 1$ となり，これ以外の場合では出力は 0 である．11011 パターン検出器の状態遷移表と状態遷移図を表 5.7 と図 5.5 に示す．

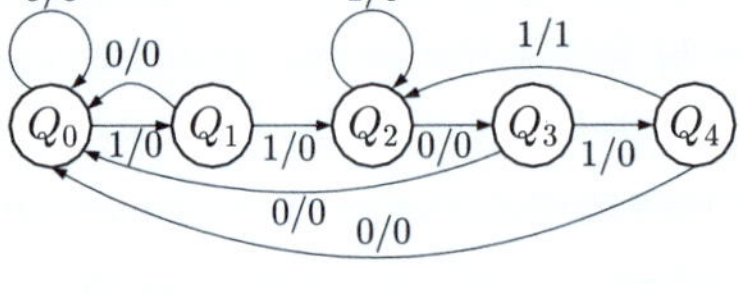

図 5.5　11011パターン検出器の状態遷移図

5.3　状態割当て

5.3.1　順序回路を実現する論理関数の導出

5.1 節において，状態は抽象的なシンボルとして表現されると説明したが，ここでは，これらシンボルを具体的な 2 値の組に割り当てる方法について考える．$\boldsymbol{q} \in \boldsymbol{Q} = \{Q_0, Q_1, \cdots, Q_{K-1}\}$ において，

$$\boldsymbol{q} = (q_k q_{k-1} \cdots q_1) \tag{5.12}$$

として状態 $\boldsymbol{q}$ を k 個の 2 値変数の組で表したとき，これらの 2 値変数を**状態変数**と呼ぶ．また，次状態 $\boldsymbol{q}^{(1)}$ の状態変数は

$$\boldsymbol{q}^{(1)} = (q_k^{(1)} q_{k-1}^{(1)} \cdots q_1^{(1)}) \tag{5.13}$$

と表すことができる．k 変数の値の組の総数は 2^k であるので，K 個の異なる状態を表現するためには $2^k \geq K$ である必要がある．例えば，表 5.3 の状態遷移表では，状態数が $K = 3$ なので，$k = 2$ で十分であり，$\boldsymbol{q} = (q_2 q_1)$ と表すことができる．ここで，表 5.8 に示す状態割当てを考えると，表 5.3 の状態遷移表は表 5.9 のように**具体化**される．

表 5.8　状態割当て

	$q_2 q_1$
Q_0	00
Q_1	01
Q_2	10

表 5.9　3 進カウンタ（表 5.3）への状態割当ての適用

	$\boldsymbol{\delta}$		$\boldsymbol{\omega}$	
$q_2 q_1$ ＼ x	0	1	0	1
00	00	01	0	0
01	01	10	0	0
10	10	00	0	1

また，1 変数入力を x，1 変数出力を z と表すと，表 5.9 は，3 個の 2 値変数 q_2, q_1, x の入力と 3 個の 2 値変数 $q_2^{(1)}, q_1^{(1)}, z$ の出力を持つ組合せ回路を表していることがわかる．これらのカルノー図（図 5.6）から式 (5.14) の論理式を得る．

$$\begin{aligned} q_2^{(1)} &= q_2\bar{x} \vee q_1 x \\ q_1^{(1)} &= q_1\bar{x} \vee \bar{q}_2\bar{q}_1\bar{x} \\ z &= q_2 x \end{aligned} \tag{5.14}$$

$q_2^{(1)}$

q_2q_1 \ x	0	1
00	0	0
01	0	1
11	*	*
10	1	0

$q_1^{(1)}$

q_2q_1 \ x	0	1
00	0	1
01	1	0
11	*	*
10	0	0

z

q_2q_1 \ x	0	1
00	0	0
01	0	0
11	*	*
10	0	1

図 5.6　表 5.9 のカルノー図

5.3.2　状態割当てと論理関数の複雑さ

ここでは，状態割当ての違いによって，状態遷移関数と出力関数を実現する論理式の複雑さがどのように影響されるかを調べる．表 5.10 は，2 変数入力，2 変数出力，4 状態からなるの順序回路の状態遷移表を示している．入力変数，出力変数及び状態変数はそれぞれ $(x_2x_1), (z_2z_1), (q_2q_1)$ となる．この順序回路について，2 種類の異なる状態割当て（図 5.7，図 5.8）を考え，それぞれの場合について状態遷移関数と出力関数の論理式を求める．

表 5.10　状態遷移表

	$\boldsymbol{\delta}$				$\boldsymbol{\omega}$			
$\boldsymbol{Q}$ \ $\boldsymbol{X}$	00	01	11	10	00	01	11	10
Q_0	Q_0	Q_2	Q_2	Q_1	00	01	11	10
Q_1	Q_1	Q_3	Q_0	Q_2	11	10	00	01
Q_2	Q_0	Q_2	Q_3	Q_0	00	01	11	10
Q_3	Q_1	Q_3	Q_3	Q_1	11	00	10	01

状態割当て (I)：　$Q_0 = (00), Q_1 = (01), Q_2 = (11), Q_3 = (10)$

$$
\begin{aligned}
q_2^{(1)} &= \bar{x}_2x_1 \vee \bar{q}_1x_1 \vee q_2x_1 \vee \bar{q}_2q_1x_2\bar{x}_1 \\
q_1^{(1)} &= \bar{q}_2\bar{q}_1x_1 \vee \bar{q}_2\bar{q}_1x_2 \vee \bar{q}_2q_1\bar{x}_1 \vee q_2\bar{q}_1\bar{x}_1 \vee q_2q_1\bar{x}_2x_1 \\
z_2 &= \bar{q}_2\bar{q}_1x_2 \vee \bar{q}_2q_1\bar{x}_2 \vee q_2q_1x_2 \vee q_2x_2x_1 \vee q_2\bar{q}_1\bar{x}_2\bar{x}_1 \\
z_1 &= \bar{q}_2\bar{q}_1x_1 \vee \bar{q}_2q_1\bar{x}_1 \vee q_2q_1x_1 \vee q_2\bar{q}_1\bar{x}_1
\end{aligned}
\qquad (5.15)
$$

	q_2q_1
Q_0	00
Q_1	01
Q_2	11
Q_3	10

	δ				ω			
q_2q_1 \ x_2x_1	00	01	11	10	00	01	11	10
00	00	11	11	01	00	01	11	10
01	01	10	00	11	11	10	00	01
11	00	11	10	00	00	01	11	10
10	01	10	10	01	11	00	10	01

$q_2^{(1)}$

q_2q_1 \ x_2x_1	00	01	11	10
00	0	1	1	0
01	0	1	0	1
11	0	1	1	0
10	0	1	1	0

z_2

q_2q_1 \ x_2x_1	00	01	11	10
00	0	0	1	1
01	1	1	0	0
11	0	0	1	1
10	1	0	1	0

$q_1^{(1)}$

q_2q_1 \ x_2x_1	00	01	11	10
00	0	1	1	1
01	1	0	0	1
11	0	1	0	0
10	1	0	0	1

z_1

q_2q_1 \ x_2x_1	00	01	11	10
00	0	1	1	0
01	1	0	0	1
11	0	1	1	0
10	1	0	0	1

図 5.7　表 5.10 に対する状態割当て (I)

状態割当て (II)：　$Q_0 = (00), Q_1 = (11), Q_2 = (10), Q_3 = (01)$

$$\begin{aligned} q_2^{(1)} &= q_1\bar{x}_1 \vee \bar{q}_2\bar{q}_1x_1 \vee \bar{q}_2x_2\bar{x}_1 \vee \bar{q}_1\bar{x}_2x_1 \\ q_1^{(1)} &= \bar{q}_2q_1 \vee q_1\bar{x}_2 \vee \bar{q}_2x_2\bar{x}_1 \vee q_2\bar{q}_1x_2x_1 \\ z_2 &= \bar{q}_1x_2 \vee \bar{q}_2x_2x_1 \vee q_1\bar{x}_2\bar{x}_1 \vee q_2q_1\bar{x}_2 \\ z_1 &= \bar{q}_1x_1 \vee q_1\bar{x}_1 \end{aligned} \tag{5.16}$$

式 (5.15) と式 (5.16) を比べると，明らかに状態割当て (II) による状態遷移関数と出力関数の論理式の方が簡素である．論理式から直接回路規模を予測することは難しいが，一般的には，論理式に含まれる **NOT-AND 項**の数または**リテラル数**などが回路規模の見積りとして使われる場合が多い．ここで，リテラルとは肯定型または否定型の変数項を意味し，NOT-AND 項とはリテラルが

	q_2q_1
Q_0	00
Q_1	11
Q_2	10
Q_3	01

	δ				ω			
q_2q_1 \ x_2x_1	00	01	11	10	00	01	11	10
00	00	10	10	11	00	01	11	10
11	11	01	00	10	11	10	00	01
10	00	10	01	00	00	01	11	10
01	11	01	01	11	11	00	10	01

$q_2^{(1)}$

q_2q_1 \ x_2x_1	00	01	11	10
00	0	1	1	1
01	1	0	0	1
11	1	0	0	1
10	0	1	0	0

z_2

q_2q_1 \ x_2x_1	00	01	11	10
00	0	0	1	1
01	1	0	1	0
11	1	1	0	0
10	0	0	1	1

$q_1^{(1)}$

q_2q_1 \ x_2x_1	00	01	11	10
00	0	0	0	1
01	1	1	1	1
11	1	1	0	0
10	0	0	1	0

z_1

q_2q_1 \ x_2x_1	00	01	11	10
00	0	1	1	0
01	1	0	0	1
11	1	0	0	1
10	0	1	1	0

図 5.8 表 5.10 に対する状態割当て (II)

AND で結合された項を意味する（4.1 節参照）．NOT-AND-OR 形式の論理構造において NOT-AND 項数を最小化する手法は，既に 4 章で取り上げているが，リテラル数も NOT-AND 項数との間に強い相関があるだけでなく，NOT-AND-OR 形式以外の一般的な論理構造の回路規模を見積る指標としてもよく使われる．これら 2 つの回路規模の指標で 2 つの状態割当ての評価を表 5.11 に示す．

表 5.11 状態割当ての回路規模の評価

状態割当て	NOT-AND 数	リテラル数
(I)	18	54
(II)	14	37

5.3.3　状態の隣接性

ここでは，状態遷移関数と出力関数の論理式をより簡単化するための状態割当て方法について考察しよう．ここまで見てきたように，状態遷移関数と出力関数は，いずれも状態変数 $\boldsymbol{q} = (q_k q_{k-1} \cdots q_1)$ と入力変数 $\boldsymbol{x} = (x_n x_{n-1} \cdots x_1)$ に関する論理関数で実現され，状態変数と入力変数からなる極小項表現によってこれらの論理関数を表すことができる．論理関数の極小項表現から NOT-AND-OR 形式の論理式の簡単化手法の基本原理は式 (4.1)（68 ページ）で示した公式

$$x \cdot A \vee \bar{x} \cdot A = A$$

によるものである．この場合，状態変数と入力変数からなる極小項のハミング距離（厳密には極小項に対応する状態変数と入力変数の値の組のハミング距離）が 1 であるような極小項の対ができるだけ多く存在すれば，論理式がより少ない NOT-AND 項で表現できることが期待できる．なお，ここでは，2 つの値の組のハミング距離が 1 であることを「**隣接する**」と表現することにする．

ところで，極小項を構成する状態変数と入力変数の値の組 $(Q_i X_a)$ と $(Q_j X_b)$ において，これらが隣接する場合，以下の 2 つの関係のいずれかが成り立っているはずである．

(1)　$Q_i = Q_j$ かつ X_a, X_b が隣接

(2)　$X_a = X_b$ かつ Q_i, Q_j が隣接

図 5.9 のカルノー図では，変数の値の 4 つの組 $(q_2 q_1 x_2 x_1) = (0001), (0011), (1100), (1000)$ に対応する極小項 $\bar{q}_2\bar{q}_1\bar{x}_2x_1, \bar{q}_2\bar{q}_1x_2x_1, q_2q_1\bar{x}_2\bar{x}_1, q_2\bar{q}_1\bar{x}_2\bar{x}_1$ が示されており，これらのうち (0001), (0011) は上記の (1) の条件で隣接し，(1100), (1000) は上記の (2) の条件で隣接している．

次に，このように隣接する極小項の対を増やすために，「どの状態対を隣接さ

q_2q_1 \ x_2x_1	00	01	11	10
00		1	1	
01				
11	1			
10	1			

$$\left.\begin{array}{l}\bar{q}_2\bar{q}_1\bar{x}_2x_1\\ \bar{q}_2\bar{q}_1x_2x_1\end{array}\right\}\ \bar{q}_2\bar{q}_1x_1$$

$$\left.\begin{array}{l}q_2q_1\bar{x}_2\bar{x}_1\\ q_2\bar{q}_1\bar{x}_2\bar{x}_1\end{array}\right\}\ q_2\bar{x}_2\bar{x}_1$$

図 5.9　隣接する極小項の配置関係

せるか（隣接させないか)」という観点で状態割当て方法を導いてみよう．このために，3 つの**状態の隣接度**という尺度を導入する．

定義 5.5（状態遷移関数における第 1 種隣接度）

隣接する 2 つの入力 X_a, X_b（**隣接入力対**）によって状態 Q_k がそれぞれ Q_i, Q_j に遷移するとき（図 5.10(a)），状態遷移関数の極小項を構成する変数の値の組 $(Q_kX_a), (Q_kX_b)$ は隣接しており，このような極小項の対をできるだけ増やすためには，Q_i, Q_j が隣接していることが望ましい．このように，状態 Q_k から Q_i, Q_j にそれぞれ遷移させるような隣接入力対の個数を，状態対 (Q_i, Q_j) の**第 1 種隣接度**と呼ぶ．

定義 5.6（状態遷移関数における第 2 種隣接度）

入力 X_a によって状態 Q_i, Q_j がともに状態 Q_k に遷移するとき（図 5.10(b)），もし Q_i, Q_j が隣接していれば，状態遷移関数の極小項を構成する変数の値の組 $(Q_iX_a), (Q_jX_a)$ も隣接する．このように Q_i, Q_j から同一の状態へ遷移させる入力の個数を，状態対 (Q_i, Q_j) の**第 2 種隣接度**と呼ぶ．

定義 5.7（出力関数における第 3 種隣接度）

状態 Q_i, Q_j において，入力 X_a のときに出力変数 z_k $(k = 1, 2, \cdots, m)$ がともに 1 になる場合，もし Q_i, Q_j が隣接していれば，出力関数の極小項を構成する変数の値の組 $(Q_iX_a), (Q_jX_a)$ も隣接する．このように，Q_i, Q_j において同一の入力のときにともに 1 になる出力変数の個数を，状態対 (Q_i, Q_j) の**第 3 種隣接度**と呼ぶ．

(a)　第 1 種隣接度（X_a と X_b は隣接しているとする）　　(b)　第 2 種隣接度

図 5.10　第 1 種隣接度と第 2 種隣接度が生じる状態遷移の状況

Q \ X	δ			
	00	01	11	10
Q_0	Q_0	Q_2	Q_2	Q_1
Q_1	Q_1	Q_3	Q_0	Q_2
Q_2	Q_0	Q_2	Q_3	Q_0
Q_3	Q_1	Q_3	Q_3	Q_1

(a)　第 1 種隣接度 = 3

Q \ X	δ			
	00	01	11	10
Q_0	Q_0	Q_2	Q_2	Q_1
Q_2	Q_0	Q_2	Q_3	Q_0

(b)　第 2 種隣接度 = 2

Q \ X	ω			
	00	01	11	10
Q_0	00	01	11	10
Q_2	00	01	11	10

(c)　第 3 種隣接度 = 4

図 5.11　状態遷移表 5.10 の状態対 (Q_0, Q_2) に関する隣接度

上記の第 1 種隣接度についてさらに補足すると，隣接する入力変数と状態変数の値の組 $(X_aQ_k), (X_bQ_k)$ に対応する 2 つの極小項がともに状態遷移関数の論理式に存在するためには，遷移先状態 Q_i, Q_j の状態変数 q_m $(m = 1, 2, \cdots, k)$ の値がともに 1 である必要がある．このような条件が満たされる機会を多くするために，少なくとも Q_i, Q_j が隣接するような状態割当てを優先させる尺度として設けられたのが第 1 種隣接度である．つまり，Q_i, Q_j を隣接させることによって状態変数の値が異なる箇所が 1 つに制限することができるからである．

図 5.11 には，状態遷移表 5.10 の状態対 (Q_0, Q_2) の隣接度を示している．また，図 5.12 に各状態対における 3 種類の隣接度とその合計を示す．これらの結果に基づいて，図 5.7 と図 5.8 で与えた 2 通りの状態割当てについて考察しよう．

状態割当て (I)：　$Q_0 = (00), Q_1 = (01), Q_2 = (11), Q_3 = (10)$

- 隣接状態対：$(Q_0, Q_1), (Q_0, Q_3), (Q_1, Q_2), (Q_2, Q_3)$
- 非隣接状態対：$(Q_0, Q_2), (Q_1, Q_3)$
- 隣接状態対の隣接度の総和 = 10
- 非隣接状態対の隣接度の総和 = 17
- 状態遷移関数と出力関数の NOT-AND 数 = 18
- 状態遷移関数と出力関数のリテラル数 = 54

Q_1	1		
Q_2	3	2	
Q_3	2	3	1
	Q_0	Q_1	Q_2

第 1 種隣接度

Q_1	0		
Q_2	2	0	
Q_3	1	2	1
	Q_0	Q_1	Q_2

第 2 種隣接度

Q_1	0		
Q_2	4	0	
Q_3	1	3	1
	Q_0	Q_1	Q_2

第 3 種隣接度

Q_1	1		
Q_2	9	2	
Q_3	4	8	3
	Q_0	Q_1	Q_2

合計隣接度

図 5.12　状態遷移表 5.10 における状態の隣接度

状態割当て (II)：　$Q_0 = (00), Q_1 = (11), Q_2 = (10), Q_3 = (01)$

- 隣接状態対：$(Q_0, Q_2), (Q_0, Q_3), (Q_1, Q_2), (Q_1, Q_3)$
- 非隣接状態対：$(Q_0, Q_1), (Q_2, Q_3)$
- 隣接状態対の隣接度の総和 $= 23$
- 非隣接状態対の隣接度の総和 $= 4$
- 状態遷移関数と出力関数の NOT-AND 数 $= 14$
- 状態遷移関数と出力関数のリテラル数 $= 37$

以上より，隣接度が大きい状態対をできるだけ隣接するような状態割当てが，より簡単な論理式になっていることがわかる．ただし，ここで紹介した状態の隣接度という概念は，状態割当てにおけるあくまで 1 つの指標であり，必ずしも最適な（最も簡単な）論理関数を導出する保証をするものではないことに注意されたい．

5.3.4　ワン・ホット・コードによる状態割当て

これまでは，異なる K 状態を必要最小限の状態変数で表現するときの状態割当てとして，k 個の状態変数の組を用いて $2^k \geq K$ の状態が表現可能な方法を考えてきた．この方法と異なったアプローチとして，**ワン・ホット・コード**という状態割当てがある．この状態割当ての基本的な考え方は，1 つの状態を 1 つの状態変数で表現する，というものである．つまり，状態集合 $\boldsymbol{Q} = \{Q_0, Q_1, \cdots, Q_{K-1}\}$

表 5.12 ワン・ホット・コードによる 4 つの状態に対する状態割当て

	$q_3q_2q_1q_0$
Q_0	0001
Q_1	0010
Q_2	0100
Q_3	1000

に対して状態変数を $\boldsymbol{q} = (q_{K-1}q_{K-2}\cdots q_0)$ として K 個の状態変数の組として表し，状態変数 q_i が 1 の場合，状態が Q_i であることを示している[2)]．順序回路は，一度に 1 つの状態しか取り得ないので，状態割当てにおける 2 値の組には，いずれの状態も 1 がちょうど 1 個だけあり，その他はすべて 0 であるという特徴を持つ．例えば，状態遷移表 5.10 の例では，4 状態なので，4 つの状態変数を使って表 5.12 のように割り当てる．

すると，状態遷移関数は以下の式で与えられる．

$$\begin{aligned} q_0^{(1)} &= q_0\bar{x}_2\bar{x}_1 \vee q_1x_2x_1 \vee q_2\bar{x}_1 \\ q_1^{(1)} &= q_0x_2\bar{x}_1 \vee q_1\bar{x}_2\bar{x}_1 \vee q_3\bar{x}_1 \\ q_2^{(1)} &= q_0x_1 \vee q_1x_2\bar{x}_1 \vee q_2\bar{x}_2x_1 \\ q_3^{(1)} &= q_1\bar{x}_2x_1 \vee q_2x_2x_1 \vee q_3x_1 \end{aligned} \tag{5.17}$$

これらの論理式は，それぞれの状態へ遷移する条件を示しており，より直観的な構造を持っていることがわかる．例えば，$q_0^{(1)} = q_0\bar{x}_2\bar{x}_1 \vee q_1x_2x_1 \vee q_2\bar{x}_1$ は，状態が Q_0 へ遷移する条件の論理式であり，各 NOT-AND 項は，

- $q_0\bar{x}_2\bar{x}_1$：現状態が Q_0 で入力が $(x_2x_1) = (00)$ のとき
- $q_1x_2x_1$：現状態が Q_1 で入力が $(x_2x_1) = (11)$ のとき
- $q_2\bar{x}_1$：現状態が Q_2 で入力が $(x_2x_1) = (*0)$ のとき，すなわち，$(x_2x_1) = (00)$ または $(x_2x_1) = (10)$ のとき

をそれぞれ意味している．一方，出力変数関数は以下の式で与えられる．

$$\begin{aligned} z_2 &= q_0x_2 \vee q_1\bar{x}_2 \vee q_2x_2 \vee q_3\bar{x}_2\bar{x}_1 \vee q_3x_2x_1 \\ z_1 &= q_0x_1 \vee q_1\bar{x}_1 \vee q_2x_1 \vee q_3\bar{x}_1 \end{aligned} \tag{5.18}$$

k 個の状態変数の組によって 2^k の状態を表す割当て法（これを **2 進符号化割当て**と呼ぶことにしよう）とワン・ホット・コード割当ての特徴を整理すると，以下のことが考察できる．

2) ここでは，K 個の状態変数をこれまでのように $(q_Kq_{K-1}\cdots q_1)$ と添え字を 1 から K までふるのではなく，状態の添え字 $(0, 1, \cdots, K-1)$ に合わせて $(q_{K-1}q_{K-2}\cdots q_0)$ としていることに注意せよ．

- 状態変数の個数は，すなわち状態遷移関数を実現する論理関数の数を示し，また同じ数だけの遅延回路が必要である．2進符号化割当てでは状態変数の数が k 個であるのに対して，ワン・ホット・コード割当てでは 2^k 個の論理変数が必要である．
- 状態遷移関数と出力関数に含まれるNOT-AND項の総和は，極小項の隣接関係をうまく状態割当てに利用することで2進符号化割当ての方がワン・ホット・コード割当てに比べて少なくなる傾向にあるが，その差は遅延回路の個数の差（k と 2^k）ほどは大きくない．
- それぞれの状態遷移関数の論理式の複雑さは，状態遷移関数と状態割当てに大きく依存するが，ワン・ホット・コード割当てでは，状態遷移関数の論理式は一意的に定まり，その論理式は比較的複雑でない．特に，これらの論理式に現れるNOT-AND項は状態変数を1つだけ含むという特徴のため，NOT-AND項に含まれる変数の個数が少なくなる傾向にある．

遅延回路の個数の面では，ワン・ホット・コード割当てが不利であることは明白であるが，状態数がある程度大きい場合は，状態遷移関数の回路規模が順序回路の中で支配的になるため，遅延回路の個数の多さはそれほど問題にならない場合もある．特に，FPGA（Field Programmable Gate Array）などのプログラマブルロジックデバイスにおいて順序回路を実現する場合，一般にFPGAはDフリップフロップによって遅延回路を実現しており，**Dフリップフロップ**（6.1節参照）の個数がかなり潤沢に用意されているので，より少ない変数での論理関数を実現した場合は，ワン・ホット・コードが採用される場合もある．

5章の問題

□**1** 5 進カウンタについて以下を求めよ．

(1) 動作と状態遷移の様子を表 5.2 の形式で示せ．入力系列は自由に設定してよい．

(2) 5 進カウンタの状態遷移表と状態遷移図を作成せよ．

□**2** 以下の仕様を満たす自動販売機を制御する順序回路の状態遷移表と状態遷移図を求めよ．

- 100 円硬貨と 50 円硬貨だけを投入できる．
- 150 円以上を投入したとき，ジュースのボタンについている LED を点灯させる．
- ジュースのボタンが点灯した状態でボタンを押した場合，ジュースを出力し，おつりがある場合は次の時点で出力する．

ここで，$\boldsymbol{X} = \{X_0, X_{50}, X_{100}, X_B\}$, $\boldsymbol{Z} = \{Z_0, Z_B, Z_J, Z_C\}$ とする．X_0 は何も投入されずボタンも押されていないことを示し，X_{50}, X_{100} はそれぞれ 50 円硬貨または 100 円硬貨が投入されたことを示し，X_B はジュースのボタンが押されたことを示す．また，Z_0 は何も出力せず，Z_B はジュースのボタンを点灯させ，Z_J はジュースを出力し，Z_C は 50 円のおつりを出力することを示す．また，ジュースのボタンが点灯している状態で投入した硬貨はそのままおつりの出口に排出されるものとする．

□**3** 以下の 1 変数入力のパターン検出器の状態遷移表と状態遷移図を求めよ．

(1) 系列 110111

(2) 系列 10101

(3) 系列 00000

表 5.13 状態遷移表

	δ				ω			
$\boldsymbol{Q}$ \ $\boldsymbol{X}$	00	01	11	10	00	01	11	10
Q_0	Q_1	Q_0	Q_1	Q_2	01	00	10	10
Q_1	Q_3	Q_1	Q_2	Q_2	01	01	10	00
Q_2	Q_1	Q_1	Q_3	Q_0	00	01	11	01
Q_3	Q_0	Q_0	Q_1	Q_2	01	00	01	01

□**4** 表 5.13 の状態遷移表において，以下の状態割当てを用いて状態遷移関数と出力関数を実現する論理関数を求め，隣接する状態対の隣接度の総和と隣接しない状態対の隣接度の総和と回路規模とを関係を考察せよ．

(1) $Q_0 = (00), Q_1 = (01), Q_2 = (10), Q_3 = (11)$

(2) $Q_0 = (00), Q_1 = (01), Q_2 = (11), Q_3 = (10)$

(3) $Q_0 = (01), Q_1 = (10), Q_2 = (11), Q_3 = (00)$

□**5** 表 5.13 の状態遷移表において，ワン・ホット・コードによる状態割当てを用いて状態遷移関数と出力関数を実現する論理関数を求めよ．

第6章

フリップフロップとその駆動回路の実現

次状態から現状態に遅延させる仕組みは，通常の組合せ回路だけでは実現できないが，組合せ回路の出力を入力側に適切に帰還させる構造を持たすことによって，情報を「記憶する」機能が生まれる．この記憶回路をさらに組み合わせることによって，単純な遅延回路として機能するフリップフロップから，書込み・保持・反転などの複雑な機能を持たせたフリップフロップを実現できる．

ここでは，以下の項目について詳しく見ていく．

- NOT ループ構造による記憶回路，D ラッチ（NOT ループ型・NAND ループ型），マスタースレーブ型 D フリップフロップ，シフトレジスタ，SR/JK/T フリップフロップ，フリップフロップの駆動回路の実現

6.1　D フリップフロップ

前章では，次状態 $\boldsymbol{q}^{(1)}$ から現状態 $\boldsymbol{q}$ へ変換する手段として遅延回路を紹介した．遅延回路への入力を d，出力を q とした場合，以下の式で遅延回路の動作を表現できる．

$$q^{(1)} = d \tag{6.1}$$

つまり，「次時点の出力 $q^{(1)}$ は，現時点の入力 d と等しい」ことを表している．より直観的には，$q = d^{(-1)}$，つまり「現時点の出力 q は前時点の入力 $d^{(-1)}$ と等しい」と書くこともできる．このような遅延動作を具体的に実現する回路が **D フリップフロップ**（Delay Flip-Flop）である．この節では，このような D フリップフロップの動作を実現する回路原理を説明した後，その回路構成について考えていく．

6.1.1　NOT ループ構造による記憶回路

図 6.1 には，2 つの NOT ゲートの互いの入出力を接続したループ構造を持つ回路を示している．この回路の端子 a, b は明らかに $b = \bar{a}$ の関係を満たしており，$a = 0, 1$ のいずれの場合も回路は安定する．実は，このような組合せ回路を部品として回路がループ構造（組合せ回路の出力が他の組合せ回路を経由して入力に回帰する帰還構造）を作ることで，論理回路に「情報を記憶する」機能が生まれるのである．いったん q に 0 または 1 を書き込めば，その値は次の書込みが起こる時まで保持される．実際に，コンピュータの記憶装置としての SRAM（Static Random Access Memory）の**記憶回路**は，この NOT ループ構造によって実現している．

6.1.2　NOT ループ構造による D ラッチの実現

図 6.1 の NOT ループ構造の回路に 2 値データを書き込むための制御機能を付加した回路を図 6.2 に示す．図 6.2(a) は**マルチプレクサ**（multiplexer）の回

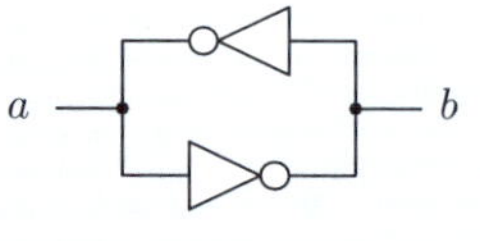

図 6.1　NOT ゲートによるループ構造

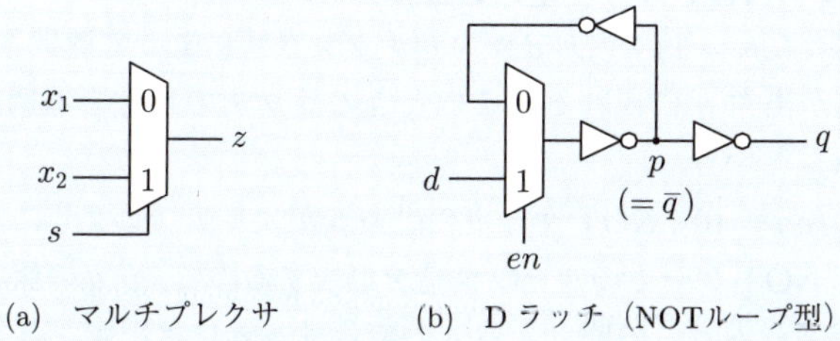

図 6.2 マルチプレクサと D ラッチ（NOT ループ型）

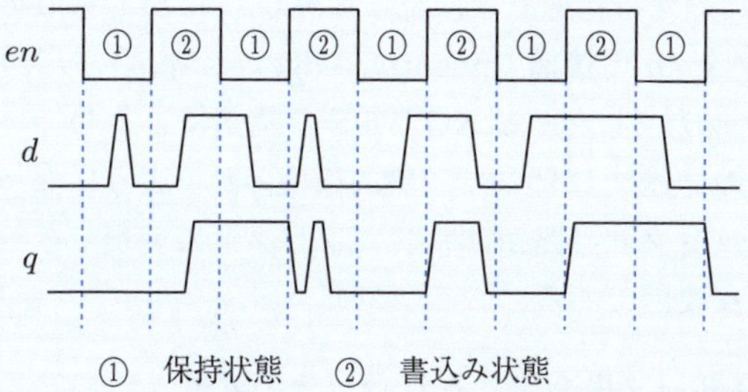

図 6.3 D ラッチの動作

路記号を示しており，これは選択信号 s によって 2 つの入力 x_1, x_2 のいずれかを選択して z に出力する組合せ回路である．具体的には，以下のように s の場合分けによって出力 z が決定する．

$$z = \begin{cases} x_1 & (s = 0) \\ x_2 & (s = 1) \end{cases} \tag{6.2}$$

この動作に対応するマルチプレクサの論理関数は以下のように表現できる．

$$z = x_1 \bar{s} \vee x_2 s \tag{6.3}$$

このマルチプレクサを NOT ループ構造の中に配置し，外部入力 d から記憶する値を取り込む仕組みを持つ回路が図 6.2(b) である．このような回路を **D ラッチ**と呼び，その回路動作の様子を図 6.3 に示す．D ラッチの動作は，マルチプレクサへの選択信号 en の値で決まる 2 つの状態，具体的には入力 d を出力 q に転送する**書込み状態**と NOT ループ構造で記憶した値を q に出力する**保持状態**からなる．

D ラッチ（NOT ループ型）の動作

書込み状態 $(en=1)$：入力 d がマルチプレクサによって選択されるので，d の値が出力 q に現れる．このときのラッチの状態を**透過的**（transparent）という．

保持状態 $(en=0)$：NOT ゲートの出力 p がマルチプレクサによって選択されて NOT ゲートのループ構造を形成するので，p, q の値は変化せずに保持される．この間，入力 d の変化は p, q には影響を与えない．

ここで，D ラッチの動作で特に重要な性質は，データ保持状態（$en=0$）のとき，入力 d がどのような変化をしても，出力 p, q の値は変化しないという特徴である．また，この保持状態で q に現れる値は，en が $1 \to 0$ の遷移をした瞬間（このタイミングを en の**後縁**（negative edge）と呼ぶ）の入力 d の値である．

図 6.2(b) のマルチプレクサと NOT ループ構造による D ラッチ回路は，近年の集積回路技術の発達[1]に伴って一般的に使われるようになった回路構造であり，特にマルチプレクサ回路が非常にコンパクトに実現できるようになったことが普及した主な要因である．

6.1.3 NAND ループ構造による D ラッチの実現

前述の NOT ループ構造による D ラッチが登場する前の世代では，2 入力 NAND ゲートを基本構成要素として，これらをいくつも組み合わせることによって D ラッチを実現していた．その回路を図 6.4 に示す．この回路は，図 6.2(b) の構造とはかなり異なっているように見えるが，実はまったく同一の動作をする．この回路の動作を理解するために，回路を前段の NAND ゲート 2 つと後段の NAND ゲート 2 つに分けて考える．まず，回路の前段の 2 つの NAND ゲートによって中間ノード a, b が以下のように決定される．

$$\begin{aligned} en=1 \text{ のとき} &\quad : \quad \begin{cases} a=\bar{d} \\ b=d \end{cases} \\ en=0 \text{ のとき} &\quad : \quad a=b=1 \end{aligned} \tag{6.4}$$

次に，回路の後段の NAND ループ構造は，

$$\begin{aligned} q &= \overline{a \cdot p} \\ p &= \overline{b \cdot q} \end{aligned} \tag{6.5}$$

[1] nMOS トランジスタと pMOS トランジスタを両方搭載した CMOS（Complementary Metal-Oxide Semiconductor）トランジスタ技術は，現在ほとんどの半導体チップで用いられている．

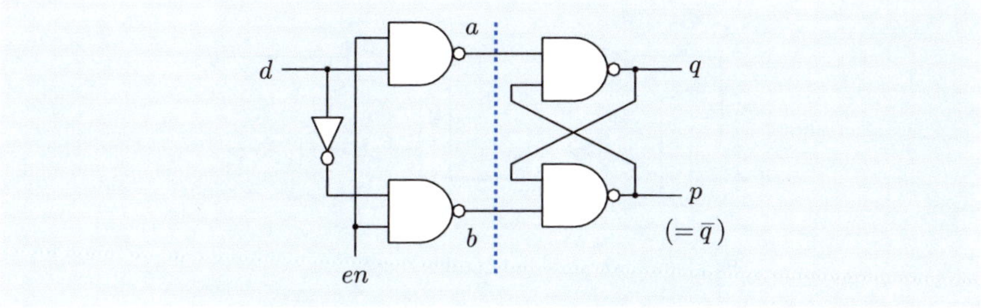

図 6.4　D ラッチ（NAND ループ型）

と書けるので，その動作は以下のように場合分けして考えることができる．

D ラッチ（NAND ループ型）の動作

書込み状態　$(en=1) \Rightarrow (b=\bar{a})$：$a=0, b=1$ のときは $q=\overline{0 \cdot p}=1$ が定まり，その結果 $p=\overline{1 \cdot 1}=0$ が定まる．また，$a=1, b=0$ のときは $p=\overline{0 \cdot q}=1$ が定まり，その結果 $q=\overline{1 \cdot 1}=0$ が定まる．いずれの場合でも，$q=\bar{a}=d, p=\bar{b}=\bar{d}=\bar{q}$ が成り立ち，入力 d の値が出力 q に現れる．

保持状態　$(en=0) \Rightarrow (a=b=1)$：このとき $q=\bar{p}, p=\bar{q}$ であり，NOT ループ構造を表す論理式なので，p, q の値がそのまま保持される．

したがって，NAND ループ型 D ラッチは，NOT ループ型と同じ動作をすることがわかる．

6.1.4　マスタースレーブ構成による D フリップフロップの実現

ここでは，D ラッチを 2 つ縦続接続した構成によって D フリップフロップが実現される仕組みを見ていく．図 6.5 は 2 つの NOT ループ型 D ラッチによる構成例であり，図 6.6 は 2 つの NAND ループ型 D ラッチによる構成例である．いずれの場合も，前段の D ラッチを**マスターラッチ**と呼び，後段の D ラッチを**スレーブラッチ**と呼ぶ．これらの回路に入力する *clk* は，**クロック**（clock）と呼ばれる 0 と 1 を周期的に繰り返す信号であり，順序回路の動作に関わる**時点**を具体的に定義するものである．クロック信号が 0 と 1 を繰り返す周期のことを**クロック周期**と呼び，1 秒間当たりのクロック周期の数を**クロック周波数**と呼ぶ．

ここで図 6.5 の NOT ループ型 D フリップフロップについて補足すると，

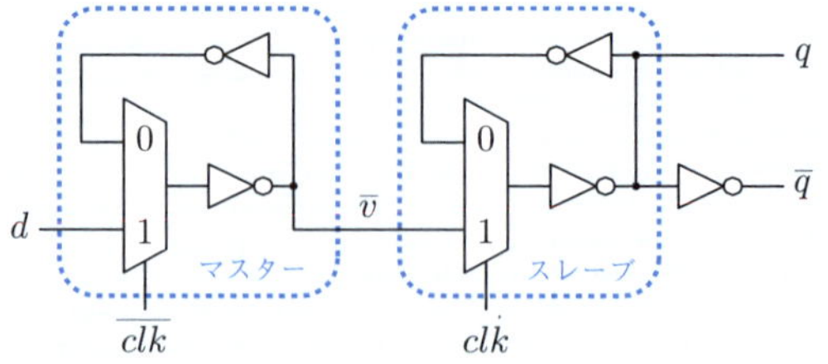

図 6.5　前縁トリガー型 D フリップフロップ（NOT ループ型）

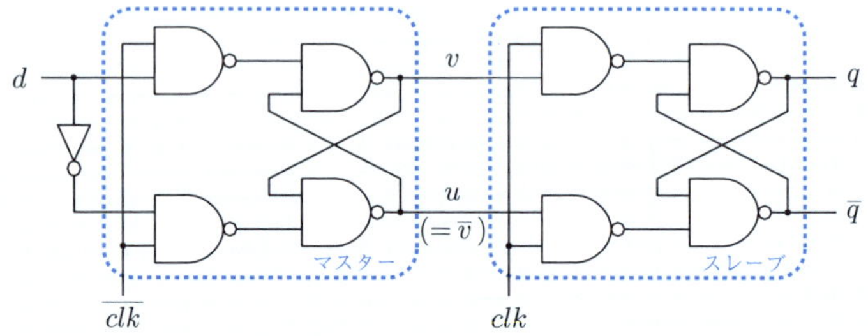

図 6.6　前縁トリガー型 D フリップフロップ（NAND ループ型）

図 6.2(b) の出力側にある NOT ゲートがこのマスターラッチにはなく，その出力には本来の記憶されるべき値の否定（$\bar{v}$）が現れている．そのため，スレーブラッチの 2 つの出力 $q, \bar{q}$ が逆になっている．

図 6.5 と図 6.6 では，マスターラッチのイネーブル信号として $\overline{clk}$ が入力し，スレーブラッチのイネーブル信号として clk が入力している．このようなマスターラッチとスレーブラッチからなる縦続接続構成の動作を図 6.7 に示す．

- $clk = 1$：マスターラッチはデータ保持状態であり，clk の**前縁**（positive edge: $0 \to 1$ の遷移の瞬間）の時の入力 d の値を保持して v に出力している．一方，スレーブラッチはデータ書込み状態であり，マスターラッチで保持している入力 v をそのまま q に出力する．
- $clk = 0$：マスターラッチはデータ書込み状態であり，入力 d の値がそのまま v に出力される．一方，スレーブラッチはデータ保持状態であり，clk の**後縁**（negative edge: $1 \to 0$ の遷移の瞬間）の時の入力 v の値を保持して q に出力する．

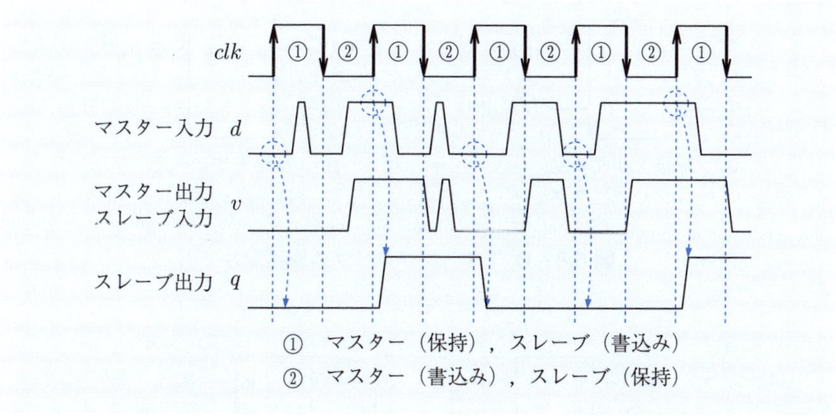

図 6.7 前縁トリガー型 D フリップフロップの動作波形

つまり，clk の前縁のときにマスターラッチによって取り込まれた入力 d の値は，直後の $clk = 1$ の区間において書込み状態のスレーブラッチによって出力され，さらにこの値を clk の後縁のときにスレーブラッチが取り込み，$clk = 0$ の区間にでは保持状態としてスレーブラッチが同じ値を出力し続ける．このような動作を行う D フリップフロップを**前縁トリガー型**と呼ぶ．このことを整理すると，図 6.7 で示されるマスタースレーブ構成の D フリップフロップは以下のように簡素に表現できる．

前縁トリガー型 D フリップフロップのクロック同期動作

各クロックの前縁（$0 \to 1$ の遷移の瞬間）において，その時の入力 d の値を q に出力する．これ以外では出力 q は不変である．

図 6.5 や図 6.6 では，マスターラッチに $\overline{clk}$ が入力し，スレーブラッチに clk が入力しているために，マスターが入力 d の値を取り込むタイミングが clk の前縁になっている．これを逆にした場合，つまり，マスターラッチに clk を入力し，スレーブラッチに $\overline{clk}$ を入力した場合は，マスターが入力 d の値を取り込むタイミングは clk の後縁になる．このような動作を行う D フリップフロップを**後縁トリガー型**と呼ぶ．

後縁トリガー型 D フリップフロップのクロック同期動作

各クロックの後縁（$1 \to 0$ の遷移の瞬間）において，その時の入力 d の値を q に出力する．これ以外では出力 q は不変である．

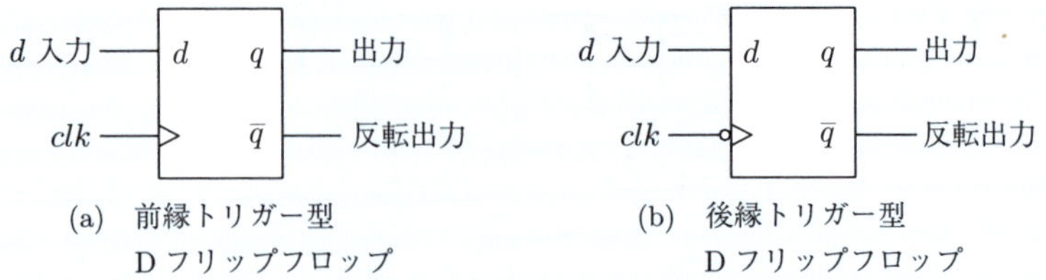

図 6.8 D フリップフロップの回路記号

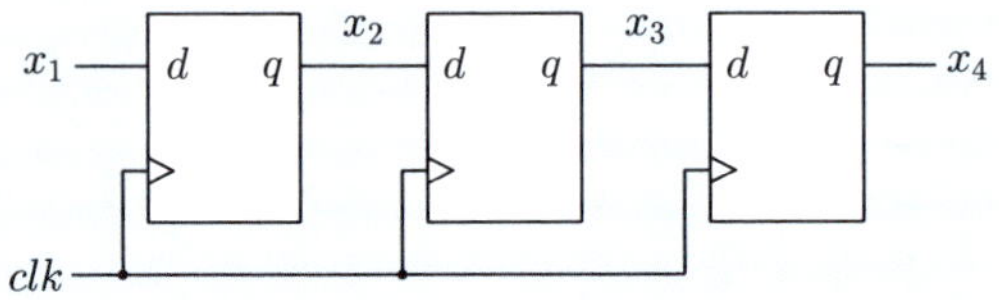

図 6.9 3 ビットシフトレジスタ

これら 2 種類の D フリップフロップの回路記号を図 6.8 に示す．また，D フリップフロップにおいて入力 d の値を書き込むタイミング（クロック前縁またはクロック後縁）をまとめて**クロックエッジ**（clock edge）と呼ぶ．

6.1.5 遅延回路としての動作

これまでマスタースレーブ構成の D フリップフロップの動作について考えてきたが，クロックエッジにおける入力の値を出力して保持する，という動作自体は「遅延回路」の機能を実現できているのかどうか必ずしも明白でない．そこで，D フリップフロップの「遅延回路」としての動作がわかりやすい例として，図 6.9 に示す 3 ビットシフトレジスタ回路を考える．この回路は 3 つの D フリップフロップを縦続接続した構成である．その動作波形を図 6.10 に示す通り，1 段目の D フリップフロップの出力 x_2 の波形は，その入力 x_1 の波形をちょうど 1 クロック周期遅らせた形になっていることがわかる．同様に 2 段目の D フリップフロップの出力 x_3 や 3 段目の出力 x_4 も，それぞれの入力 x_2, x_3 を 1 クロック周期だけ遅らせた波形になっている．また，個々の D フリップフロップの入力・出力の関係を見ると，確かにクロックエッジ（この場合クロック前縁）における入力の値が，直後の出力に反映されていることも見ることができる．

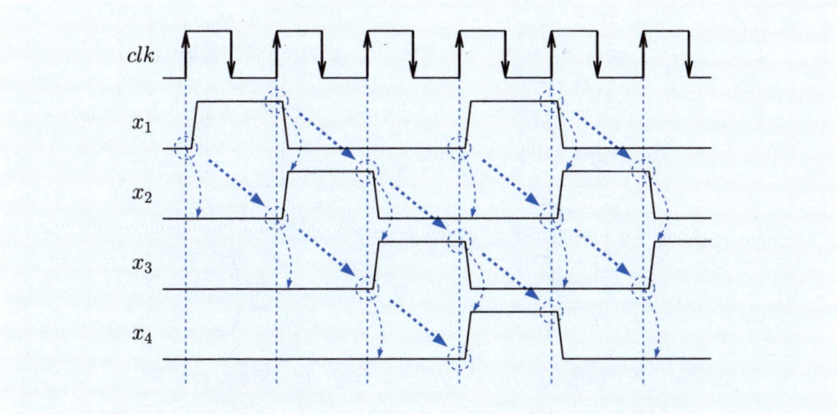

図 6.10　3 ビットシフトレジスタの動作波形

シフトレジスタの各信号 x_1, x_2, x_3, x_4 の間には，以下の関係が成り立つ．

$$x_1 = x_2^{(1)} = x_3^{(2)} = x_4^{(3)} \tag{6.6}$$

または,

$$\begin{cases} x_2 = x_1^{(-1)} \\ x_3 = x_1^{(-2)} \\ x_4 = x_1^{(-3)} \end{cases} \tag{6.7}$$

このシフトレジスタは，ディジタル信号処理分野におけるシステム構成の核であり，時系列上の複数の信号を同時に演算処理することにより様々な信号処理システムが実現可能である．その他にも，情報通信分野において情報ビットを逐次的に伝送するシステムにおいて，情報ビットの時系列をシフトレジスタに入力し，伝送された情報を復号化する回路に応用される．

図 6.10 のタイミング図において特に注目すべき点は，D フリップフロップの出力がクロックエッジの少し後に変化していることであり，このことが「遅延回路」としての機能を実現する重要な鍵である．クロックエッジから出力が次の変化をするまでのこのわずかな時間差は，スレーブラッチが保持状態から書込み状態に遷移したときに，新しい v と $\bar{v}$ の値が複数の論理ゲートを経由して出力 $q, \bar{q}$ に伝播するために要する時間[2] によるものである．このことは，D フ

---

2) ゲート遅延（gate delay）と呼ぶ．「遅延回路」と「ゲート遅延」の「遅延」は意味合いがかなり違うことに注意せよ．「遅延回路」は，クロックで区切られた時点を 1 つ遅らす回路であるが,「ゲート遅延」は，信号が論理ゲートを通過して情報が伝播するのに要する微小な時間のことを指す．

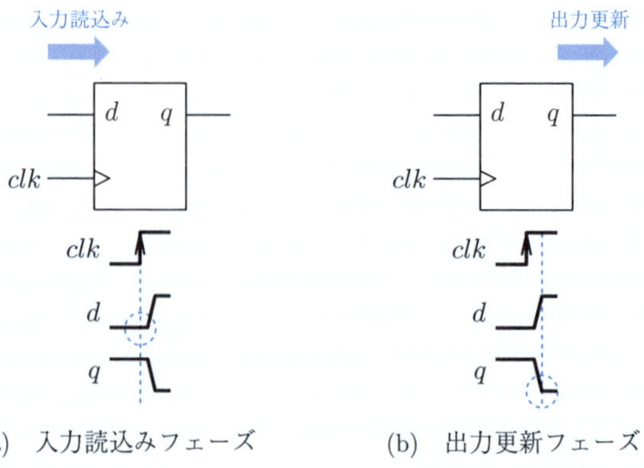

図 6.11　D フリップフロップの詳細なクロック同期動作

リップフロップのクロック同期動作をさらに詳細に見ていき，以下に示す2つの動作フェーズに分けて考えることで理解できる（図 6.11）．

D フリップフロップの詳細なクロック同期動作

フェーズ1（入力読込み）　クロックエッジにおいて，d 入力の値を読み込む．この瞬間は出力 q はまだ変化していない．

フェーズ2（出力更新）　「ある微小な時間」の後に，フェーズ1で読み込んだ値が出力 q に現れる．この段階で入力 d が変化したとしても，q の値に影響を与えない．

つまり，入力読込みフェーズと出力更新フェーズが「ある微小な時間」によって分離されているために，出力に現れる変化が次段のDフリップフロップの入力に取り込まれるのがちょうど次のクロックエッジになるので，結果的に信号が1時点（1クロック周期）遅延するように見えるのである．

6.2 様々なフリップフロップ回路

前節で説明したNAND ループ型 D フリップフロップの構造に基づいて，特にマスターラッチの入力動作が異なるフリップフロップを構成することができる．

6.2.1 SR フリップフロップ

図 6.12 に SR フリップフロップの回路図を示し，図 6.13(a) にその回路記号を示す．このSR フリップフロップは，図 6.6 の D フリップフロップの回路図において，マスターラッチに入力する $d, \bar{d}$ を切り離して別々に s, r としたものである．

このSR フリップフロップにおいて，スレーブラッチはD フリップフロップと同じ構造なので，ここでは特にマスターラッチの動作に注目する．また，$clk = 1$ のときは，マスターラッチの中間ノードは $a = b = 1$ なので保持状態になることは明らかである．そこで，$clk = 0$ のとき（マスターラッチが透過的なとき）の動作を考えると，以下のように整理できる．

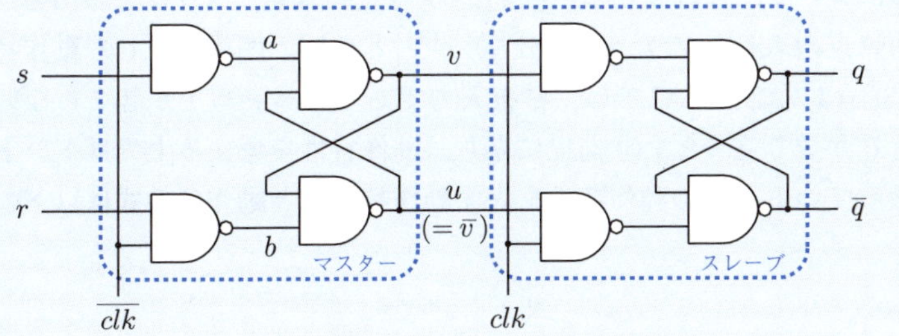

図 6.12 SR フリップフロップの回路図

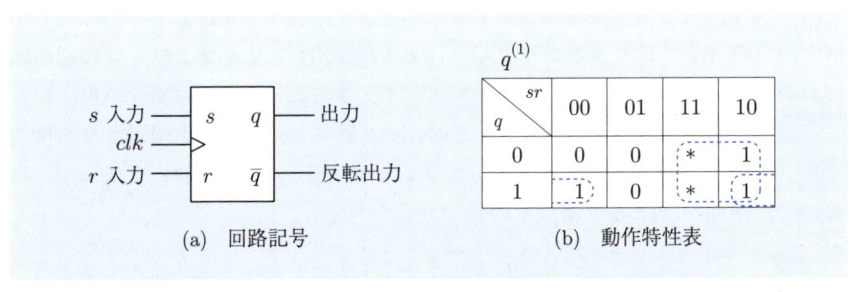

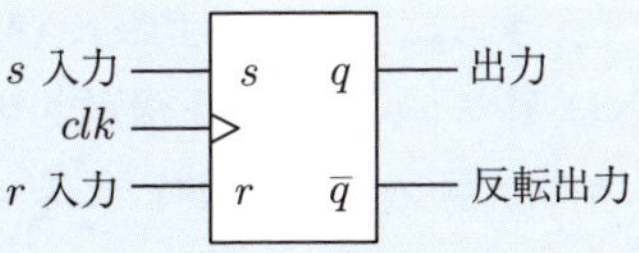

(a) 回路記号

$q^{(1)}$

q \ sr	00	01	11	10
0	0	0	*	1
1	1	0	*	1

(b) 動作特性表

図 6.13 SR フリップフロップの回路記号と動作特性表

SR フリップフロップのマスターラッチの透過時 ($clk = 0$) の動作

書込み状態　$(s = \bar{r}) \Rightarrow (\bar{a} = b)$：D ラッチの書込み状態と同じであり，$v = \bar{a} = s, u = \bar{b} = r = \bar{s}$ となり，s の値が v に書き込まれる．

保持状態　$(s = r = 0) \Rightarrow (a = b = 1)$：$v, u$ の値は保持される．

禁止状態　$(s = r = 1) \Rightarrow (a = b = 0)$：このとき $v = u = 1$ となり，v と u の相補関係 $(u = \bar{v})$ が成り立たなくなる．もし，この状態の直後に $clk = 1$ となって保持状態に遷移した場合，NAND ループ構造の動作が不安定になり，保持される値は予測不能である．このことから，$s = r = 1$ の入力は，SR フリップフロップにとって**禁止入力**であり，s, r を出力する論理回路の実現においては，$s \cdot r = 0$ が満たされるように設計する必要がある．

上記のマスターラッチの動作を D ラッチのものと比べた時の違いは，SR フリップフロップのマスターラッチには，D ラッチの書込み状態に相当するものの他に，保持状態と禁止状態があることである．SR フリップフロップ全体としての動作について，入力 s, r，現状態 q（現時点のスレーブラッチの出力）と次状態（次時点のスレーブラッチの出力）$q^{(1)}$ との間の関係を表した**動作特性表**を図 6.13(b) に示す．ここでは，禁止入力である $s = r = 1$ が起こらないように $s \cdot r = 0$ が成り立つという前提に立ち，動作特性を考える上ではドントケアとして扱っている．この動作特性を表す**動作特性式**と**動作条件式**は以下のようになる．

$$
\begin{aligned}
q^{(1)} &= s \vee \bar{r} \cdot q \\
s \cdot r &= 0
\end{aligned}
\tag{6.8}
$$

6.2.2 JK フリップフロップ

図 6.14 に JK フリップフロップの回路図を示し，図 6.15(a) にその回路記号を示す．この JK フリップフロップは，図 6.12 の SR フリップフロップの回路図において，s, r 入力を j, k 入力に置き換えて，さらに j が入力する NAND ゲートに出力 $\bar{q}$ を帰還させ，k が入力する NAND ゲートに出力 q を帰還させた構造になっている．JK フリップフロップのマスターラッチの透過時（$clk = 0$）において，中間ノード a, b は以下の式で与えられる．

$$
\begin{aligned}
a &= \overline{j \cdot \bar{q}} = \bar{j} \vee q \\
b &= \overline{k \cdot q} = \bar{k} \vee \bar{q}
\end{aligned}
\tag{6.9}
$$

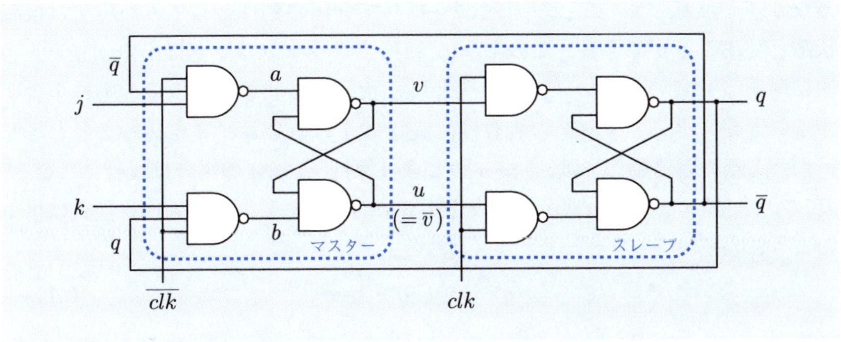

図 6.14　JK フリップフロップの回路図

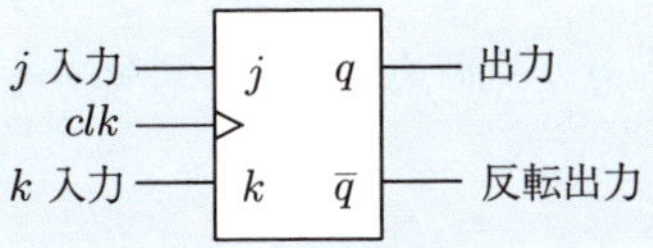

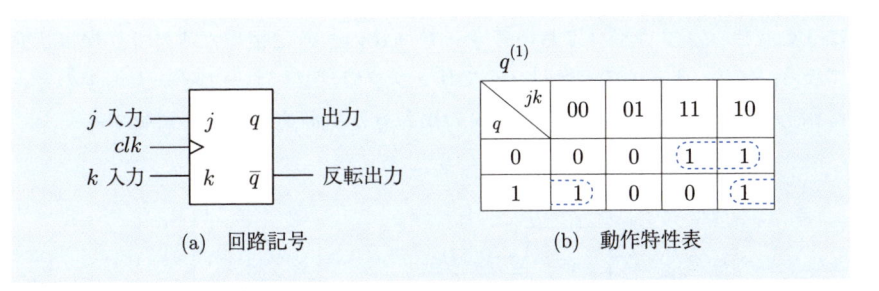

(a)　回路記号

$q^{(1)}$

q ＼ jk	00	01	11	10
0	0	0	1	1
1	1	0	0	1

(b)　動作特性表

図 6.15　JK フリップフロップの回路記号

上式より，$a \vee b = 1$ となり，SR フリップフロップのマスターラッチにおける禁止状態 $a = b = 0$ は JK フリップフロップでは起こらないことがわかる．JK フリップフロップのマスターラッチの透過時の動作（$clk = 0$）は以下のように表すことができる．

JK フリップフロップのマスターラッチの透過時 ($clk = 0$) の動作

保持状態　$(j = k = 0$ または $j = \bar{k} = q) \Rightarrow (a = b = 1)$：マスターラッチの NAND ループ構造は保持状態になる．

反転書込み状態　$(j = k = 1$ または $j = \bar{k} = \bar{q}) \Rightarrow (a = \bar{b} = q)$：マスターラッチの出力 p にフリップフロップ出力の反転 $\bar{q}$ が書き込まれる．

上記で反転書込み状態のときは，次時点のフリップフロップ出力 $q^{(1)}$ は，

$$q^{(1)} = \bar{q} \tag{6.10}$$

となり値が反転するので，フリップフロップ全体の動作としてみた場合は**反転状態**と呼ぶことができる．このように，JK フリップフロップは出力 $q, \bar{q}$ を入力側に帰還させているため，保持状態と反転状態の 2 状態だけでその動作を説明することができる．$j = \bar{k}$ の場合は，実際は j の値を q に書き込むことと等しいが，実際の回路動作では，$j = q$ のときは保持，$j \neq q$ の場合は反転，となる．JK フリップフロップの動作特性表を図 6.15(b) に示し，その動作特性式は以下のようになる．

$$q^{(1)} = j \cdot \bar{q} \vee \bar{k} \cdot q \tag{6.11}$$

6.2.3　T フリップフロップ

T フリップフロップは，図 6.16 に示すように，JK フリップフロップの 2 つの入力 j, k を 1 つの入力 t で駆動する構造を持つ．したがって，$t = 0$ のときは JK フリップフロップにおいて $j = k = 0$ のときに相当するので，保持状態になる．また，$t = 1$ のときは JK フリップフロップにおいて $j = k = 1$ のときに相当するので，フリップフロップの出力 q が次時点において反転する．

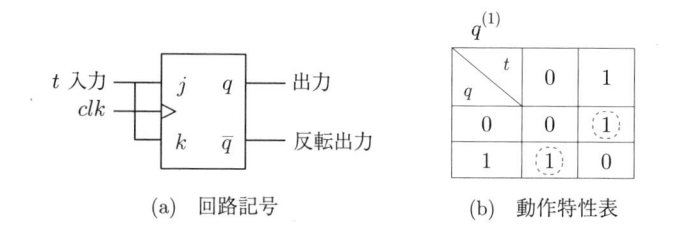

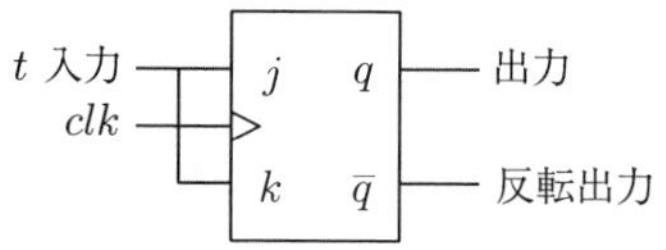

(a)　回路記号

$q^{(1)}$

q \ t	0	1
0	0	1
1	1	0

(b)　動作特性表

図 6.16　T フリップフロップの回路図

T フリップフロップの動作特性表を図 6.16(b) に示し，その動作特性式は以下のようになる．

$$q^{(1)} = t \cdot \bar{q} \vee \bar{t} \cdot q = t \oplus q \tag{6.12}$$

6.3 各種フリップフロップの駆動回路の実現

5.3.1 項では，状態遷移表を具体的な論理関数で実現する状態遷移関数について考えたが，この状態遷移関数は遅延回路（D フリップフロップ）の入力に与える次状態の状態変数の値を定義している．したがって，現状態の状態変数を出力する回路として D フリップフロップを用いた場合，状態遷移関数を直接組合せ回路の定義として利用することができる．一方，これ以外のフリップフロップを用いた場合，これらの入力と出力が単純に時点を遅延した関係ではないので，状態遷移関数とは別の形の**駆動回路**の設計が必要になる．

6.3.1 フリップフロップの入力駆動条件

それぞれのフリップフロップの駆動回路の実現のために，フリップフロップの**入力駆動条件**について考える．この入力駆動条件とは，状態変数の現時点の値 q から次時点の値 $q^{(1)}$ に遷移するためにフリップフロップの入力がどのような値である必要であるか，という条件を示したものである．表 6.1 にそれぞれのフリップフロップの入力駆動条件を示しており，ここでは，$q, q^{(1)}$ が取り得る 4 通りの組合せについて，これらの遷移を引き起こすためのフリップフロップの入力値を示している．この表は，それぞれのフリップフロップの動作特性式と動作条件式（存在する場合のみ）に対して，$q, q^{(1)}$ の値を具体的に代入することで導くことができる．

D フリップフロップ（D-FF）： $q^{(1)} = d$（式 (6.1)）より d の $q^{(1)}$ と一致する．

SR フリップフロップ（SR-FF）： $q^{(1)} = s \vee \bar{r} \cdot q,\ s \cdot r = 0$（式 (6.8)）に $q, q^{(1)}$ の値を代入して s, r の値を求める．

- $q = 0, q^{(1)} = 0$: $0 = s \vee \bar{r} \cdot 0 = s$．よって，$s = 0$．また，$r$ の項は式 (6.8) から消去されるので，r はドントケア．
- $q = 0, q^{(1)} = 1$: $1 = s \vee \bar{r} \cdot 0 = s$．よって，$s = 1$．また，$s \cdot r = r = 0$．
- $q = 1, q^{(1)} = 0$: $0 = s \vee \bar{r} \cdot 1 = s \vee \bar{r}$．よって，$s = 0, r = 1$．
- $q = 1, q^{(1)} = 1$: $1 = s \vee \bar{r} \cdot 1 = s \vee \bar{r}$．よって，$s = 1$ または $r = 0$．また，$s \cdot r = 0$ より $s = 1 \Rightarrow r = 0$．よって，s はドントケア，$r = 0$．

JK フリップフロップ（JK-FF）： $q^{(1)} = j \cdot \bar{q} \vee \bar{k} \cdot q$（式 (6.11)）に $q, q^{(1)}$ の値を代入して j, k の値を求める．

- $q = 0, q^{(1)} = 0$: $j = 0$ (k はドントケア)
- $q = 0, q^{(1)} = 1$: $j = 1$ (k はドントケア)

表 6.1　フリップフロップの入力駆動条件

		D-FF	SR-FF		JK-FF		T-FF
q	$q^{(1)}$	d	s	r	j	k	t
0	0	0	0	$*$	0	$*$	0
0	1	1	1	0	1	$*$	1
1	0	0	0	1	$*$	1	1
1	1	1	$*$	0	$*$	0	0

- $q = 1, q^{(1)} = 0$: $\bar{k} = 0$ (j はドントケア)
- $q = 1, q^{(1)} = 1$: $\bar{k} = 1$ (j はドントケア)

T フリップフロップ（T-FF）：　$q^{(1)} = t \oplus q$（式 (6.12)）において両辺に $\oplus q$ を付加すると,

$$
\begin{aligned}
q^{(1)} \oplus q &= t \oplus q \oplus q \\
&= t \oplus 0 \\
&= t
\end{aligned}
\tag{6.13}
$$

よって, $t = q^{(1)} \oplus q$ に従って t の値を求める.

6.3.2　状態遷移関数における状態変数の遷移

ここでは, 表 6.2 に示す状態割当てされた状態遷移表を例にとり, その駆動回路の実現について考える. この状態割当てされた状態遷移表によって導出される状態遷移関数と出力関数のカルノー図を図 6.17 に示す. 既に 6.1 節において, 遅延回路は D フリップフロップによって実現されることを説明したように, これらのカルノー図はそのまま D フリップフロップの駆動回路になっており, その論理式は以下の式になる.

$$
\begin{aligned}
q_2^{(1)} &= d_2 = \bar{q}_1 x_2 \vee \bar{q}_2 x_2 \bar{x}_1 \vee q_1 \bar{x}_2 x_1 \vee q_2 \bar{x}_2 \bar{x}_1 \vee q_2 x_2 x_1 \\
q_1^{(1)} &= d_1 = \bar{q}_1 \bar{x}_2 \vee \bar{q}_1 x_1 \vee \bar{q}_2 \bar{x}_1 \vee \bar{q}_2 x_2 \vee q_1 x_2 \bar{x}_1 \vee q_2 \bar{x}_2 x_1
\end{aligned}
\tag{6.14}
$$

表 6.2　状態割当てされた状態遷移表

	δ				ω			
q_2q_1 \ x_2x_1	00	01	11	10	00	01	11	10
01	01	10	01	11	00	01	11	10
11	10	11	10	01	01	10	01	11
10	11	01	11	10	10	11	10	01

$q_2^{(1)} = d_2$

q_2q_1 \ x_2x_1	00	01	11	10
00	*	*	*	*
01	0	1	0	1
11	1	1	1	0
10	1	0	1	1

z_2

q_2q_1 \ x_2x_1	00	01	11	10
00	*	*	*	*
01	0	0	1	1
11	0	1	0	1
10	1	1	1	0

$q_1^{(1)} = d_1$

q_2q_1 \ x_2x_1	00	01	11	10
00	*	*	*	*
01	1	0	1	1
11	0	1	0	1
10	1	1	1	0

z_1

q_2q_1 \ x_2x_1	00	01	11	10
00	*	*	*	*
01	0	1	1	0
11	1	0	1	1
10	0	1	0	1

図 6.17 D フリップフロップ駆動回路（状態遷移関数）と出力関数のカルノー図

$$
\begin{aligned}
z_2 &= \bar{q}_1\bar{x}_2 \vee \bar{q}_1x_1 \vee \bar{q}_2x_2 \vee q_1x_2\bar{x}_1 \vee q_2\bar{x}_2x_1 \\
z_1 &= \bar{q}_2x_1 \vee \bar{q}_1\bar{x}_2x_1 \vee q_1x_2x_1 \vee q_2q_1\bar{x}_1 \vee q_2x_2\bar{x}_1
\end{aligned}
\tag{6.15}
$$

ここで，式 (6.14) は D フリップフロップ固有の駆動回路である（つまり，他のフリップフロップの駆動回路は異なる論理式で与えられる）が，式 (6.15) の出力関数の論理式は，異なるフリップフロップにおいても共通であることに注意せよ．

次に，表 6.1 の入力駆動条件に従って，図 6.17 の状態遷移関数のカルノー図を変換してその他のフリップフロップの駆動回路を導出することを考える．このためには，入力駆動条件の状態変数の各遷移パターンがカルノー図とどのように対応しているのかを理解する必要がある．図 6.18 は，2 つの状態遷移関数のカルノー図において $(q_iq_i^{(1)})$ $(i = 1, 2)$ の 4 つの遷移パターン (00), (01), (10), (11) に対応する入力（状態変数と入力変数の組）の関係を表している．

例えば $q_2^{(1)}$ の状態遷移関数において，$(q_2q_2^{(1)}) = (00)$ の遷移に対応する入力 $(q_2q_1x_2x_1)$ は，関数の出力が $q_2^{(1)} = 0$ となるような入力の中で，$q_2 = 0$ となっている (0100), (0111) である．また，$(q_2q_2^{(1)}) = (01)$ の遷移に対応する入力 $(q_2q_1x_2x_1)$ は，関数の出力が $q_2^{(1)} = 1$ となるような入力の中で，$q_2 = 0$ となっている (0101), (0110) である．

$q_2^{(1)}$

q_2q_1 \ x_2x_1	00	01	11	10	
00	*	*	*	*	$q_2=0$
01	0⓪	1①	0⓪	1①	
11	1③	1③	1③	0②	$q_2=1$
10	1③	0②	1③	1③	

$(q_2q_2^{(1)})$	対応する入力 : $(q_2q_1x_2x_1)$
⓪ (00)	(0100), (0111)
① (01)	(0101), (0111)
② (10)	(1110), (1001)
③ (11)	(1100), (1101), (1111), (1000), (1011), (1010)

$q_1^{(1)}$

q_2q_1 \ x_2x_1	00	01	11	10	
00	*	*	*	*	$q_1=0$
01	1③	0②	1③	1③	$q_1=1$
11	0②	1③	0②	1③	
10	1①	1①	1①	0⓪	$q_1=0$

$(q_1q_1^{(1)})$	対応する入力 : $(q_2q_1x_2x_1)$
⓪ (00)	(1010)
① (01)	(1000), (1001), (1011)
② (10)	(01010), (1100), (1111)
③ (11)	(0100), (0111), (0110), (1101), (1110)

図 6.18 図 6.17 の状態遷移関数のカルノー図における状態変数の遷移と入力の関係

各種フリップフロップの駆動回路は，表 6.1 の入力駆動条件に従って，フリップフロップ入力（つまり駆動回路の出力）を決定することで実現できる．具体的には次項で見ていくが，図 6.18 の中で ⓪～③ の番号が振られているカルノー図の要素の位置に，表 6.1 の入力駆動条件の値を書き入れることによってカルノー図を変換して駆動回路を導出できる．

6.3.3 SR フリップフロップの駆動回路

SR フリップフロップの入力駆動条件に従って図 6.17 に示した状態遷移関数のカルノー図を変換したものが図 6.19 である．カルノー図の変換の具体的手順は，以下の通りである．

- s_i のカルノー図の変換手順：$(q_iq_i^{(1)}) = (00), (01), (10)$ の場合は $s_i = q^{(1)}$ であり，$(q_iq_i^{(1)}) = (11)$ の場合は，$s_i = *$ なので，図 6.18 において，③ の要素をドントケアに置き換え，他についてはそのままにする．
- r_i のカルノー図の変換手順： $(q_iq_i^{(1)}) = (01), (10), (11)$ の場合は $r_i = \overline{q^{(1)}}$ であり，$(q_iq_i^{(1)}) = (00)$ の場合は，$r_i = *$ なので，図 6.18 において，⓪ の要素をドントケアに置き換え，他については各要素の値を**反転**させる．

s_2

q_2q_1 \ x_2x_1	00	01	11	10
00	*	*	*	*
01	0	1	0	1
11	*	*	*	0
10	*	0	*	*

r_2

q_2q_1 \ x_2x_1	00	01	11	10
00	*	*	*	*
01	*	0	*	0
11	0	0	0	1
10	0	1	0	0

s_1

q_2q_1 \ x_2x_1	00	01	11	10
00	*	*	*	*
01	*	0	*	*
11	0	*	0	*
10	1	1	1	0

r_1

q_2q_1 \ x_2x_1	00	01	11	10
00	*	*	*	*
01	0	1	0	0
11	1	0	1	0
10	0	0	0	*

図 6.19 SR フリップフロップの駆動回路のカルノー図

このことにより，SR フリップフロップの駆動回路の論理式は，以下の式になる．

$$
\begin{aligned}
s_2 &= \bar{q}_2 x_2 \bar{x}_1 \vee q_1 \bar{x}_2 x_1 \\
r_2 &= \bar{q}_1 \bar{x}_2 x_1 \vee q_2 q_1 x_2 \bar{x}_1 \\
s_1 &= \bar{q}_1 \bar{x}_2 \vee \bar{q}_1 x_1 \\
r_1 &= \bar{q}_2 \bar{x}_2 x_1 \vee q_2 q_1 \bar{x}_2 \bar{x}_1 \vee q_2 q_1 x_2 x_1
\end{aligned}
\tag{6.16}
$$

6.3.4 JK フリップフロップの駆動回路

JK フリップフロップの入力駆動条件に従って図 6.17 に示した状態遷移関数のカルノー図を変換したものが図 6.20 である．カルノー図の変換の具体的手順は，以下の通りである．

- j_i のカルノー図の変換手順：$(q_iq_i^{(1)}) = (00), (01)$ の場合は $j_i = q^{(1)}$ であり，$(q_iq_i^{(1)}) = (10), (11)$ の場合は，$j_i = *$ なので，図 6.18 において，②③ の要素をドントケアに置き換え，他についてはそのままにする．
- k_i のカルノー図の変換手順： $(q_iq_i^{(1)}) = (10), (11)$ の場合は $k_i = \overline{q^{(1)}}$ であり，$(q_iq_i^{(1)}) = (00), (01)$ の場合は，$k_i = *$ なので，図 6.18 において，⓪① の要素をドントケアに置き換え，他については各要素の値を反転させる．

JK フリップフロップの駆動回路の論理式は，以下の式になる．

j_2

q_2q_1 \ x_2x_1	00	01	11	10
00	*	*	*	*
01	0	1	0	1
11	*	*	*	*
10	*	*	*	*

k_2

q_2q_1 \ x_2x_1	00	01	11	10
00	*	*	*	*
01	*	*	*	*
11	0	0	0	1
10	0	1	0	0

j_1

q_2q_1 \ x_2x_1	00	01	11	10
00	*	*	*	*
01	*	*	*	*
11	*	*	*	*
10	1	1	1	0

k_1

q_2q_1 \ x_2x_1	00	01	11	10
00	*	*	*	*
01	0	1	0	0
11	1	0	1	0
10	*	*	*	*

図 6.20　JK フリップフロップの駆動回路のカルノー図

$$
\begin{aligned}
j_2 &= \bar{x}_2 x_1 \vee x_2 \bar{x}_1 \\
k_2 &= \bar{q}_1 \bar{x}_2 x_1 \vee q_1 x_2 \bar{x}_1 \\
j_1 &= \bar{x}_2 \vee x_1 \\
k_1 &= \bar{q}_2 \bar{x}_2 x_1 \vee q_2 \bar{x}_2 \bar{x}_1 \vee q_2 x_2 x_1
\end{aligned}
\tag{6.17}
$$

6.3.5　T フリップフロップの駆動回路

T フリップフロップの入力駆動条件に従って図 6.17 に示した状態遷移関数のカルノー図を変換したものが図 6.21 である．カルノー図の変換の具体的手順は，以下の通りである．

t_2

q_2q_1 \ x_2x_1	00	01	11	10
00	*	*	*	*
01	0	1	0	1
11	0	0	0	1
10	0	1	0	0

t_1

q_2q_1 \ x_2x_1	00	01	11	10
00	*	*	*	*
01	0	1	0	0
11	1	0	1	0
10	1	1	1	0

図 6.21　T フリップフロップの駆動回路のカルノー図

- t_i のカルノー図の変換手順：$(q_i q_i^{(1)}) = (00), (01)$ の場合は $t_i = q^{(1)}$ であり，$(q_i q_i^{(1)}) = (10), (11)$ の場合は，$t_i = \overline{q^{(1)}}$ なので，図 6.18 において，②③ の要素の値を反転させ，他についてはそのままにする．

T フリップフロップの駆動回路の論理式は，以下の式になる．

$$
\begin{aligned}
t_2 &= \bar{q}_2\bar{x}_2x_1 \vee \bar{q}_1\bar{x}_2x_1 \vee q_1x_2\bar{x}_1 \\
t_1 &= \bar{q}_2\bar{x}_2x_1 \vee \bar{q}_1\bar{x}_2x_1 \vee q_2\bar{x}_2\bar{x}_1 \vee q_2x_2x_1
\end{aligned}
\tag{6.18}
$$

ループ構造を持つ論理回路

フリップフロップが「メモリ」として機能する仕組みは，論理回路の出力がその入力に帰還するループ構造によるものである．例えば，図 6.2(b) や図 6.4 の D ラッチは，いずれも以下の論理代数方程式（2.6 節）で表現できる．

$$p = \overline{\bar{p}\cdot\overline{en} \vee d\cdot en} = p\cdot\overline{en} \vee \bar{d}\cdot en$$

その p に関する方程式の解は，$p = \bar{d}\cdot en \vee \alpha\cdot\overline{en}$ で与えらる（α は任意の 2 値数）．特に，$en = 0$ のときは，$p = \alpha$，すなわち d に依存しない任意の値を「安定的に」取り得ること（記憶すること）を示している．

同様のループ構造を持つ論理回路でも不安定な回路も存在する．例えば，図 6.2(b) のループ構造内に奇数個の NOT ゲートが含まれた場合は，これを表現する論理代数方程式の解は存在せず，回路は $0 \to 1 \to 0 \to 1 \to \cdots$ の遷移を繰り返す「発振」現象を起こす．このような発振回路の典型的な応用として，クロック信号を発生させるクロック生成回路が挙げられる．

安定なループ構造はメモリ回路として，不安定なループ構造はクロック生成回路として，いずれも順序回路に必要不可欠な存在である．

6章の問題

□**1** 図6.9の3ビットシフトレジスタにおいて，3つのDフリップフロップの出力 x_2, x_3, x_4 を状態変数と見なすことができる．ここで，状態を $\boldsymbol{q} = (x_4x_3x_2)$ として，状態集合を $\boldsymbol{Q} = \{Q_{000}, Q_{001}, Q_{010}, \cdots, Q_{111}\}$ とする．ただし，$\boldsymbol{q} = (\alpha_4\alpha_3\alpha_2)$ のときの状態シンボルを $Q_{\alpha_4\alpha_3\alpha_2}$ とする．この3ビットシフトレジスタの状態遷移表と状態遷移図を示せ．ただし，出力関数の部分については考えなくてよい．
（ヒント：状態 Q_{000} において，入力0の場合 Q_{000} に遷移し，入力1の場合 Q_{001} に遷移する．）

□**2** 6進カウンタについて以下に答えよ．

(1) 状態遷移表と状態遷移図を示せ．

(2) 状態割当てを $Q_0 = (000), Q_1 = (001), Q_2 = (010), Q_3 = (011), Q_4 = (100), Q_5 = (101), Q_6 = (110)$ としたとき，Dフリップフロップによってこの順序回路を実現したときの駆動回路の論理式を示せ．

(3) 同様に，SRフリップフロップ，JKフリップフロップ，Tフリップフロップそれぞれを使って順序回路を実現したときの駆動回路の論理式を示せ．

□**3** 1変数入力の系列1010を検出する順序回路について以下に答えよ．

(1) 状態遷移表と状態遷移図を示せ．

(2) 状態割当てを $Q_0 = (00), Q_1 = (01), Q_2 = (11), Q_3 = (10)$ としたとき，Dフリップフロップ，SRフリップフロップ，JKフリップフロップ，Tフリップフロップそれぞれを使って順序回路を実現したときの駆動回路の論理式を示せ．

(3) ワン・ホット・コードによる状態割当てを用いて，DフリップフロップとTフリップフロップそれぞれを使って順序回路実現したときの駆動回路の論理式を示せ．

□**4** 以下のJKフリップフロップの駆動回路の論理式が実現する順序回路の状態遷移表を示し，これをDフリップフロップで実現したときの駆動回路の論理式を示せ．

$$\begin{aligned} j_2 &= x_2x_1 \vee q_1x_2 \\ k_2 &= \bar{x}_2\bar{x}_1 \vee \bar{q}_1x_1 \\ j_1 &= x_1 \vee \bar{q}_2x_2 \\ k_1 &= \bar{x}_2x_1 \vee q_2\bar{x}_2 \vee \bar{q}_2x_2\bar{x}_1 \end{aligned} \tag{6.19}$$

第7章

状態の等価性による順序回路の簡単化

5章と6章では，状態割当てやフリップフロップの種類によって，順序回路を実現する論理関数（状態遷移関数と出力関数）がこれらの回路規模（論理式の複雑さ）に大きな影響を与えることを見てきた．

この章では，順序回路の回路規模を左右するもう1つの要素として，状態定義自体の冗長性，具体的には「状態の等価性」に着目した順序回路の簡単化の方法について考えていく．具体的には，以下の項目について詳しく見ていく．

- 入力系列に関する状態遷移関数と出力関数，状態の等価性とその導出方法，等価な状態の縮退による順序回路の簡単化，状態を区別する入力系列の導出方法，判定系列・ホーミング系列・同期化系列

7.1 状態の等価性とその判別法

順序回路の動作仕様を定めるのが状態遷移表であり，これらが決定された後に，状態割当てとフリップフロップ駆動回路の導出を経て，できるだけ簡単な論理回路で順序回路が実現できる．そこで，動作仕様である状態遷移表自体をも簡単化することができれば，さらに回路規模の削減効果が期待できる．本節では，このように状態遷移表を簡単化するための**状態の等価性**について考える．

7.1.1 入力系列に対する順序回路の動作

ここではまず，入力 $\boldsymbol{x}$ の系列の表記法について整理する．

定義 7.1（系列の表記法）

現時点の入力を先頭に $\boldsymbol{x}^{(0)}, \boldsymbol{x}^{(1)}, \cdots, \boldsymbol{x}^{(k-1)}$ からなる長さ k の入力系列を $\tilde{\boldsymbol{x}}^{(k)}$ と表記する．ここで，長さの表記を省略して，入力系列を単に $\tilde{\boldsymbol{x}}$ と表すこともできるとする．また，入力系列 $\tilde{\boldsymbol{x}}$ の長さを $|\tilde{\boldsymbol{x}}|$ と表記する．つまり，$|\tilde{\boldsymbol{x}}^{(k)}| = k$ となる．

定義 7.2（系列の連結）

2つの系列 $\tilde{\boldsymbol{x}}_a$ と $\tilde{\boldsymbol{x}}_b$ の**連結**（concatenation）を $\tilde{\boldsymbol{x}}_a\tilde{\boldsymbol{x}}_b$ と表記し，$\tilde{\boldsymbol{x}}_a$ の後に $\tilde{\boldsymbol{x}}_b$ が続く系列全体を表す．

定義 7.3（長さ0の系列）

任意の系列 $\tilde{\boldsymbol{x}}$ について，$\lambda\tilde{\boldsymbol{x}} = \tilde{\boldsymbol{x}}\lambda = \tilde{\boldsymbol{x}}$ を満たす λ を「長さ0」の系列と定義する．ここで，$|\lambda| = 0$ となる．

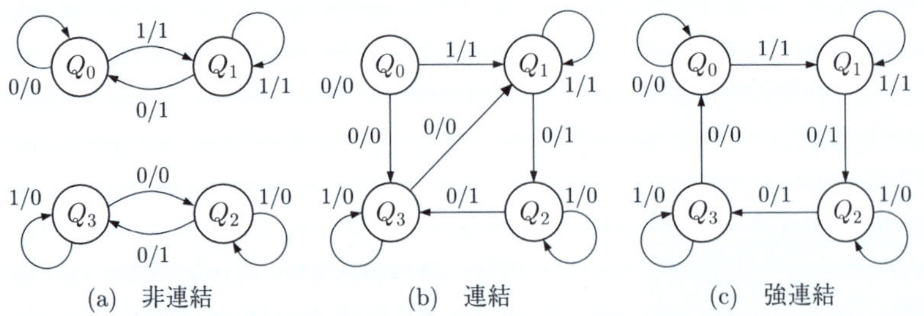

図 7.1 順序回路の連結性

次に，現状態 $\boldsymbol{q}$ において入力系列 $\tilde{\boldsymbol{x}}^{(k)}$ を印加したときの順序回路の振舞いを定義する関数を以下のように定める．

定義 7.4（状態遷移関数 $\boldsymbol{\delta}$ と出力関数 $\boldsymbol{\omega}$ の拡張）

長さ k の入力系列 $\tilde{\boldsymbol{x}}^{(k)}$ を現状態 $\boldsymbol{q}$ に印加することによって状態が $\boldsymbol{q}^{(k)}$ に遷移することを以下の式で表す．

$$\boldsymbol{q}^{(k)} = \boldsymbol{\delta}(\tilde{\boldsymbol{x}}^{(k)}, \boldsymbol{q}) \tag{7.1}$$

同様に，入力系列 $\tilde{\boldsymbol{x}}^{(k)}$ を現状態 $\boldsymbol{q}$ に印加することで生じる長さ k の出力系列 $\tilde{\boldsymbol{z}}^{(k)}$ を以下の式で表す．

$$\tilde{\boldsymbol{z}}^{(k)} = \boldsymbol{\omega}(\tilde{\boldsymbol{x}}^{(k)}, \boldsymbol{q}) \tag{7.2}$$

ここでは，本来 1 つの入力（現時点の入力）と現状態について定義されてきた状態遷移関数 $\boldsymbol{\delta}$ と出力関数 $\boldsymbol{\omega}$ を，入力系列に対する順序回路の動作を定義する手段として拡張したものである．また，長さ 0 の入力系列 λ に対する任意の状態 $Q_i \in \boldsymbol{Q}$ における動作は以下のようになる．

$$\begin{aligned} \boldsymbol{\delta}(\lambda, Q_i) &= Q_i \\ \boldsymbol{\omega}(\lambda, Q_i) &= \lambda \end{aligned} \tag{7.3}$$

定義 7.5（状態の到達可能性）

$Q_j = \boldsymbol{\delta}(\tilde{\boldsymbol{x}}, Q_i)$ となる入力系列 $\tilde{\boldsymbol{x}}$ が存在するときに限り，状態 Q_i は状態 Q_j に**到達可能**であるという．

定義 7.6（状態の連結性）

状態集合 $\boldsymbol{Q}$ に関する 2 つの部分集合 $\boldsymbol{Q}_A, \boldsymbol{Q}_B$ への分割 ($\boldsymbol{Q}_A \cup \boldsymbol{Q}_B = \boldsymbol{Q}$, $\boldsymbol{Q}_A \cap \boldsymbol{Q}_B = \phi$) を考える．$\boldsymbol{Q}_A, \boldsymbol{Q}_B$ それぞれから取り出した任意の状態対が互いに到達可能でないような状態集合の分割が存在するとき，この順序回路は**非連結**であるといい，非連結でない場合は**連結**であるという．また，任意の状態 $Q_i, Q_j \in \boldsymbol{Q}$ において，Q_i が Q_j に到達可能であり，なおかつ，Q_j が Q_i に到達可能である場合，この順序回路は**強連結**であるという．

図 7.1 に順序回路の連結性の 3 つの場合を示す．図 7.1(a) は，$\{Q_0, Q_1\}$, $\{Q_2, Q_3\}$ と分割したとき，これらの間に状態遷移辺が存在しないので非連結で

ある．図 7.1(b) は，連結であるが Q_0 以外の状態から Q_0 へ到達可能でないので，図 7.1(c) のように強連結ではない．

7.1.2　状態の等価性

ここでは，入力系列に対する出力系列の関係において順序回路の動作を考察し，そこから状態の等価性を導く．

定義 7.7（状態を区別する入力系列）

状態 Q_i, Q_j において，ある入力系列 $\tilde{\boldsymbol{x}}$ に対する出力系列が異なる場合，すなわち，

$$\boldsymbol{\omega}(\tilde{\boldsymbol{x}}, Q_i) \neq \boldsymbol{\omega}(\tilde{\boldsymbol{x}}, Q_j) \tag{7.4}$$

となる場合，この入力系列 $\tilde{\boldsymbol{x}}$ を，Q_i, Q_j を**区別する**入力系列という．

定義 7.8（状態の等価性）

状態 Q_i, Q_j を区別する入力系列が存在しない場合，これらは**等価**であるといい，$Q_i \equiv Q_j$ と表記する．

$$Q_i \equiv Q_j \iff \forall\tilde{\boldsymbol{x}},\ \boldsymbol{\omega}(\tilde{\boldsymbol{x}}, Q_i) = \boldsymbol{\omega}(\tilde{\boldsymbol{x}}, Q_j) \tag{7.5}$$

また，Q_i, Q_j を区別する入力系列が存在する場合，これらは**非等価**であるといい，$Q_i \not\equiv Q_j$ と表記する．

$$Q_i \not\equiv Q_j \iff \exists\tilde{\boldsymbol{x}},\ \boldsymbol{\omega}(\tilde{\boldsymbol{x}}, Q_i) \neq \boldsymbol{\omega}(\tilde{\boldsymbol{x}}, Q_j) \tag{7.6}$$

2つの状態 Q_i, Q_j が等価であるということは，どのような入力系列が印加されたとしても，発生する出力系列は完全に一致するため，順序回路の動作を定義する上ではこれらの状態は冗長であると考えることができる．そして，このような冗長な状態対が発見できれば，より状態数の少ない簡単な順序回路を導出することができるのである．

7.1.3　状態の部分等価性の帰納的導出による等価性の判別

では，実際に2つの状態の等価性をどのようにして判別すればよいのであろうか？　定義 7.7 では，すべての入力系列に対する出力系列を比較する必要があるので，これを直接検証することは非現実的である．そこで，印加する入力系列の長さを制限した上で状態が区別できるかどうかを判定し，さらに，この**状態の部分等価性**の判定を再帰的に適用することによって，最終的な状態の等

価性を判定するアプローチを考える．

定義 7.9（状態の部分等価性）

状態 Q_i, Q_j を区別する長さ k の入力系列が存在しない場合，これらは **k 次等価**であるといい，$Q_i \overset{k}{\equiv} Q_j$ と表記する．

$$Q_i \overset{k}{\equiv} Q_j \iff \forall \tilde{\boldsymbol{x}}^{(k)},\ \boldsymbol{\omega}(\tilde{\boldsymbol{x}}^{(k)}, Q_i) = \boldsymbol{\omega}(\tilde{\boldsymbol{x}}^{(k)}, Q_j) \tag{7.7}$$

ここで，特に 1 次等価性については区別する入力系列の長さが 1 なので，以下の式によって 1 次等価性は簡単に判定できる．

$$Q_i \overset{1}{\equiv} Q_j \iff \forall \boldsymbol{x} \in \boldsymbol{X},\ \boldsymbol{\omega}(\boldsymbol{x}, Q_i) = \boldsymbol{\omega}(\boldsymbol{x}, Q_j) \tag{7.8}$$

また，長さ 0 の入力系列 λ に対する出力系列も λ であるので（式 (7.3)），入力系列 λ はどのような状態対も区別することはできない．したがって，任意の状態対は 0 次等価である．

$$\forall Q_i, Q_j \in \boldsymbol{Q},\ Q_i \overset{0}{\equiv} Q_j \tag{7.9}$$

次に，状態の部分等価性を以下の定理によって帰納的に導出する．

定理 7.1（状態の部分等価性の帰納的導出）

$k \geq 1$ について，状態 Q_i, Q_j が k 次等価であり，なおかつ，任意の入力 $\boldsymbol{x} \in \boldsymbol{X}$ を印加したときのこれらの遷移先状態 $\boldsymbol{\delta}(\boldsymbol{x}, Q_i), \boldsymbol{\delta}(\boldsymbol{x}, Q_j)$ が k 次等価であるときに限り，Q_i, Q_j は $k+1$ 次等価である．

$$Q_i \overset{k+1}{\equiv} Q_j \iff Q_i \overset{k}{\equiv} Q_j \text{ かつ } \forall \boldsymbol{x} \in \boldsymbol{X},\ \boldsymbol{\delta}(\boldsymbol{x}, Q_i) \overset{k}{\equiv} \boldsymbol{\delta}(\boldsymbol{x}, Q_j) \tag{7.10}$$

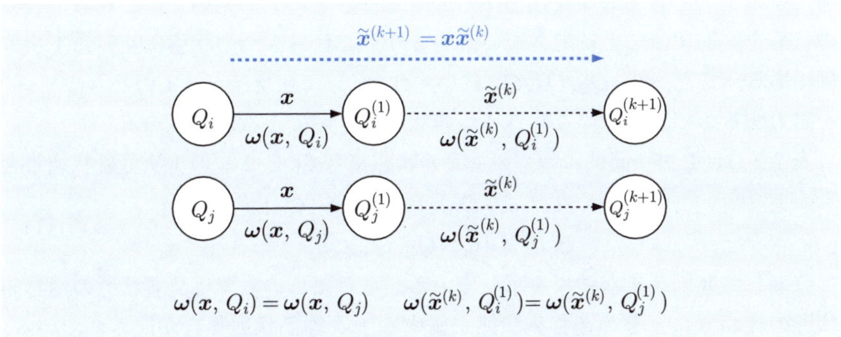

図 7.2　状態の部分等価性の構造（定理 7.1）

表 7.1　状態遷移表と1次等価な状態

	$\boldsymbol{\delta}$		$\boldsymbol{\omega}$	
$\boldsymbol{Q}$ \ $\boldsymbol{X}$	0	1	0	1
Q_0	Q_7	Q_2	0	1
Q_1	Q_2	Q_3	0	0
Q_2	Q_4	Q_7	0	0
Q_3	Q_5	Q_1	0	1
Q_4	Q_1	Q_8	0	0
Q_5	Q_6	Q_1	0	1
Q_6	Q_3	Q_1	0	1
Q_7	Q_0	Q_2	0	1
Q_8	Q_1	Q_4	0	0

$Q_0 \overset{1}{\equiv} Q_3 \overset{1}{\equiv} Q_5 \overset{1}{\equiv} Q_6 \overset{1}{\equiv} Q_7$

$Q_1 \overset{1}{\equiv} Q_2 \overset{1}{\equiv} Q_4 \overset{1}{\equiv} Q_8$

定理7.1に該当する状況を図7.2に示している．ここでは，Q_i, Q_j が k 次等価 $(k \geq 1)$ なので，任意の入力 $\boldsymbol{x}$ に対するそれぞれの出力 $\boldsymbol{\omega}(x, Q_i), \boldsymbol{\omega}(x, Q_j)$ は一致している．さらに，$\boldsymbol{x}$ に対するそれぞれの遷移先状態 $Q_i^{(1)} = \boldsymbol{\delta}(\boldsymbol{x}, Q_i)$, $Q_j^{(1)} = \boldsymbol{\delta}(\boldsymbol{x}, Q_j)$ が k 次等価なので，任意の長さ k の入力系列 $\tilde{\boldsymbol{x}}^{(k)}$ を $Q_i^{(1)}$, $Q_j^{(1)}$ に印加したときの出力系列 $\boldsymbol{\omega}(\tilde{\boldsymbol{x}}^{(k)}, Q_i^{(1)}), \boldsymbol{\omega}(\tilde{\boldsymbol{x}}^{(k)}, Q_j^{(1)})$ も一致する．つまり，任意の $\boldsymbol{x}$ と任意の $\tilde{\boldsymbol{x}}^{(k)}$ を連結した任意の長さ $k+1$ の入力系列 $\tilde{\boldsymbol{x}}^{(k+1)} = \boldsymbol{x}\tilde{\boldsymbol{x}}^{(k)}$ によって Q_i, Q_j を区別することはできないので，Q_i, Q_j は $k+1$ 次等価である．

ここで，表7.1にある9つの状態からなる状態遷移表を考えよう．状態 Q_0, Q_3, Q_5, Q_6, Q_7 はいずれも，入力が $x = 0$ のとき $z = 0$ を出力し，入力が $x = 1$ のとき $z = 1$ を出力するので，長さ1の入力系列ではこれらの5つの状態を区別することはできない．つまり，これら5つの状態は互いに1次等価である．また，Q_1, Q_2, Q_4, Q_8 はいずれも，$x = 0$ 及び $x = 1$ のときに $z = 0$ を出力するので，同様にこれら4つの状態も互いに1次等価である．

表7.2は，1次等価性に基づいて元の状態集合 $\boldsymbol{Q}$ を2つの1次等価状態集合

$$
\begin{aligned}
B_0^{(1)} &= \{Q_0, Q_3, Q_5, Q_6, Q_7\} \\
B_1^{(1)} &= \{Q_1, Q_2, Q_4, Q_8\}
\end{aligned}
\tag{7.11}
$$

に分割して並べ替えた結果を示している．さらにこの表では，各状態の遷移先状態の代わりに，その遷移先状態が属する1次等価状態集合が記されている．例えば，状態 Q_0 は $0, 1$ の入力に対してそれぞれ Q_7, Q_2 に遷移するが，Q_7 は $B_0^{(1)}$ に属し，Q_2 は $B_1^{(1)}$ に属していることが記されている．

表 7.2　1 次等価状態集合

	Q \ X	0	1
$B_0^{(1)}$	Q_0	$B_0^{(1)}$	$B_1^{(1)}$
	Q_3	$B_0^{(1)}$	$B_1^{(1)}$
	Q_5	$B_0^{(1)}$	$B_1^{(1)}$
	Q_6	$B_0^{(1)}$	$B_1^{(1)}$
	Q_7	$B_0^{(1)}$	$B_1^{(1)}$
$B_1^{(1)}$	Q_1	$B_1^{(1)}$	$B_0^{(1)}$
	Q_2	$B_1^{(1)}$	$B_0^{(1)}$
	Q_4	$B_1^{(1)}$	$B_1^{(1)}$
	Q_8	$B_1^{(1)}$	$B_1^{(1)}$

表 7.3　2 次等価状態集合

	Q \ X	0	1
$B_0^{(2)}$	Q_0	$B_0^{(2)}$	$B_1^{(2)}$
	Q_3	$B_0^{(2)}$	$B_1^{(2)}$
	Q_5	$B_0^{(2)}$	$B_1^{(2)}$
	Q_6	$B_0^{(2)}$	$B_1^{(2)}$
	Q_7	$B_0^{(2)}$	$B_1^{(2)}$
$B_1^{(2)}$	Q_1	$B_1^{(2)}$	$B_0^{(2)}$
	Q_2	$B_2^{(2)}$	$B_0^{(2)}$
$B_2^{(2)}$	Q_4	$B_1^{(2)}$	$B_2^{(2)}$
	Q_8	$B_1^{(2)}$	$B_2^{(2)}$

ここで，定理 7.1 を使って 2 次等価状態集合を求めてみよう．状態 Q_i, Q_j が 2 次等価であるための条件は，Q_i, Q_j が同じ 1 次等価状態集合に属することと，任意の入力 $\boldsymbol{x}$ に対するこれらの遷移先状態 $\boldsymbol{\delta}(\boldsymbol{x}, Q_i), \boldsymbol{\delta}(\boldsymbol{x}, Q_j)$ が 1 次等価であることである．この後者の判定は，表 7.2 の各状態において，遷移先状態が属する 1 次等価状態集合の並びをそれぞれ比較することで行うことができる．

- $Q_0, Q_3, Q_5, Q_6, Q_7 \in B_0^{(1)}$：入力 0, 1 に対する遷移先の状態集合はいずれも $B_0^{(1)}$, $B_1^{(1)}$ で一致しているので，これらはいずれも 2 次等価である．
- $Q_1, Q_2 \in B_1^{(1)}$：入力 0, 1 に対する遷移先の状態集合はいずれも $B_1^{(1)}$, $B_0^{(1)}$ で一致しているので，これらはいずれも 2 次等価である．
- $Q_4, Q_8 \in B_1^{(1)}$：入力 0, 1 に対する遷移先の状態集合はいずれも $B_1^{(1)}$, $B_1^{(1)}$ で一致しているので，これらはいずれも 2 次等価である．
- $Q_1, Q_4 \in B_1^{(1)}$：入力 1 に対して，Q_1, Q_4 の遷移先の状態集合はそれぞれ $B_0^{(1)}, B_1^{(1)}$ であるので，Q_1, Q_4 は 2 次等価ではない．

以上の結果により，以下の 2 次等価状態集合を得る．

$$
\begin{aligned}
B_0^{(2)} &= \{Q_0, Q_3, Q_5, Q_6, Q_7\} \\
B_1^{(2)} &= \{Q_1, Q_2\} \\
B_2^{(2)} &= \{Q_4, Q_8\}
\end{aligned}
\qquad (7.12)
$$

表 7.3 に 2 次等価な状態集合で並べ替えた結果を示している．ここでは，1 次等価状態集合から 2 次等価状態集合を導出する際に，状態 Q_4, Q_8 が状態集合

表 7.4　3 次等価状態集合

	Q \ X	0	1
$B_0^{(3)}$	Q_0	$B_0^{(3)}$	$B_3^{(3)}$
	Q_3	$B_0^{(3)}$	$B_1^{(3)}$
	Q_5	$B_0^{(3)}$	$B_1^{(3)}$
	Q_6	$B_0^{(3)}$	$B_1^{(3)}$
	Q_7	$B_0^{(3)}$	$B_3^{(3)}$
$B_1^{(3)}$	Q_1	$B_3^{(3)}$	$B_0^{(3)}$
$B_3^{(3)}$	Q_2	$B_2^{(3)}$	$B_0^{(3)}$
$B_2^{(3)}$	Q_4	$B_1^{(3)}$	$B_2^{(3)}$
	Q_8	$B_1^{(3)}$	$B_2^{(3)}$

表 7.5　4 次等価状態集合

	Q \ X	0	1
$B_0^{(4)}$	Q_0	$B_0^{(4)}$	$B_3^{(4)}$
	Q_7	$B_0^{(4)}$	$B_3^{(4)}$
$B_4^{(4)}$	Q_3	$B_4^{(4)}$	$B_1^{(4)}$
	Q_5	$B_4^{(4)}$	$B_1^{(4)}$
	Q_6	$B_4^{(4)}$	$B_1^{(4)}$
$B_1^{(4)}$	Q_1	$B_3^{(4)}$	$B_4^{(4)}$
$B_3^{(4)}$	Q_2	$B_2^{(4)}$	$B_0^{(4)}$
$B_2^{(4)}$	Q_4	$B_1^{(4)}$	$B_2^{(4)}$
	Q_8	$B_1^{(4)}$	$B_2^{(4)}$

$B_1^{(1)}$ から分離して $B_2^{(2)}$ に移動し，その他の状態は，$B_i^{(1)}$ から $B_i^{(2)}$ $(i = 0, 1)$ に入れ替わった結果が表に反映されている．

同様の手順で 3 次等価状態集合を求める．ここでは，$B_1^{(2)}$ に属する Q_1, Q_2 は，$x = 0$ に対する遷移先状態がそれぞれ $B_1^{(2)}, B_2^{(2)}$ に属するので，Q_1, Q_2 は 3 次等価でない．その他の 2 次等価状態集合では，遷移先状態が属する 2 次等価状態集合の並びが同一であるので，3 次等価状態集合である．したがって，以下の 3 次等価状態集合を得る（表 7.4）．

$$
\begin{aligned}
B_0^{(3)} &= \{Q_0, Q_3, Q_5, Q_6, Q_7\} \\
B_1^{(3)} &= \{Q_1\} \\
B_2^{(3)} &= \{Q_4, Q_8\} \\
B_3^{(3)} &= \{Q_2\}
\end{aligned}
\tag{7.13}
$$

同様に 4 次等価状態集合を求める．ここでは，入力 $x = 1$ に対して，$B_0^{(3)}$ に属する Q_0, Q_7 の遷移先状態が $B_3^{(3)}$ に属するのに対し，その他の Q_3, Q_5, Q_6 の遷移先状態が $B_1^{(3)}$ に属するので，これら 2 組の状態集合は互いに 4 次等価でない．その他の 3 次等価状態集合では，遷移先状態が属する 3 次等価状態集合の並びが同一であるので，4 次等価状態集合である．したがって，以下の 4 次等価状態集合を得る．

$$
\begin{aligned}
B_0^{(4)} &= \{Q_0, Q_7\} \\
B_1^{(4)} &= \{Q_1\} \\
B_2^{(4)} &= \{Q_4, Q_8\} \\
B_3^{(4)} &= \{Q_2\} \\
B_4^{(4)} &= \{Q_3, Q_5, Q_6\}
\end{aligned}
\tag{7.14}
$$

表 7.5 に 4 次等価な状態集合で並べ替えた結果を示しているが，いずれの 4 次等価状態集合も，遷移先状態が属する 4 次等価状態集合の並びが一致しているので，これらはすべて 5 次等価状態集合である．また，これ以上入力系列の長さを増やしてもこれら 4 次等価状態集合に含まれる状態を区別することはできない．このことから，状態の等価性を最終的に導出する以下の定理を得る．

定理 7.2（状態の等価性の導出）

すべての k 次等価状態集合 $B_i^{(k)}$ において，任意の状態 $Q_i, Q_j \in B_i^{(k)}$ が $k+1$ 次等価であるならば，つまり $B_i^{(k)}$ が $k+1$ 次等価状態集合であるならば，これら $B_i^{(k)}$ は厳密に等価な状態集合である．

したがって，式 (7.14) に示す 4 次等価状態集合が最終的な等価状態集合である．

$$
\begin{aligned}
B_0 &= \{Q_0, Q_7\} & &(Q_0 \equiv Q_7) \\
B_1 &= \{Q_1\} & & \\
B_2 &= \{Q_4, Q_8\} & &(Q_4 \equiv Q_8) \\
B_3 &= \{Q_2\} & & \\
B_4 &= \{Q_3, Q_5, Q_6\} & &(Q_3 \equiv Q_5 \equiv Q_6)
\end{aligned}
\tag{7.15}
$$

7.2 順序回路の等価性と簡単化

所望の動作を実現する状態遷移表において等価な状態対が存在する場合，これらの状態はどのような入力系列を与えても同一の出力系列を発生するため，これらの状態対は冗長であると言える．状態の等価性に基づく順序回路の簡単化とは，等価な状態集合をまとめて1つの状態として表現することで，より少ない状態数で「等価な動作をする」順序回路を実現すること，つまり**等価な順序回路**を導出することを意味する．

7.2.1 順序回路の等価性

2つの順序回路が等価であるということは，一方の順序回路の「あらゆる動作」，すなわち任意の状態における任意の入力系列に対応する出力系列，が他方の順序回路で実現できることである．このことは，状態の等価性の性質を利用して以下のように表現できる．

定義 7.10（順序回路の等価性）

2つの順序回路 $M_1(\boldsymbol{X},\boldsymbol{Q_1},\boldsymbol{Z},\boldsymbol{\delta_1},\boldsymbol{\omega_1})$ と $M_2(\boldsymbol{X},\boldsymbol{Q_2},\boldsymbol{Z},\boldsymbol{\delta_2},\boldsymbol{\omega_2})$ において，以下の2つの条件を考える．

(1) 任意の $\boldsymbol{Q_1}$ の状態と等価な状態が $\boldsymbol{Q_2}$ に存在する．

$$\forall Q_i \in \boldsymbol{Q}_1,\ \exists Q_j \in \boldsymbol{Q}_2,\ Q_i \equiv Q_j \tag{7.16}$$

(2) 任意の $\boldsymbol{Q_2}$ の状態と等価な状態が $\boldsymbol{Q_1}$ に存在する．

$$\forall Q_j \in \boldsymbol{Q}_2,\ \exists Q_i \in \boldsymbol{Q}_1,\ Q_j \equiv Q_i \tag{7.17}$$

これら2つの条件が同時に満たされるときに限り，2つの順序回路は**等価**である．

$$M_1(\boldsymbol{X},\boldsymbol{Q_1},\boldsymbol{Z},\boldsymbol{\delta_1},\boldsymbol{\omega_1}) \equiv M_2(\boldsymbol{X},\boldsymbol{Q_2},\boldsymbol{Z},\boldsymbol{\delta_2},\boldsymbol{\omega_2}) \tag{7.18}$$

7.2.2 等価な状態の縮退

表7.1の状態遷移表において等価な状態によって並べ替えたものを表7.6に示す．この表を見てもわかるように，それぞれの等価状態集合においては，各入力に対する次状態が属する等価状態集合が一致し，なおかつ各入力に対する出力も一致しているが，このことは状態の等価性から自動的に導出される性質である．そこで，それぞれの等価状態集合に含まれるすべての状態を1つの状

表 7.6　表 7.1 の状態遷移表における等価な状態による並べ替え

Q \ X	$\boldsymbol{\delta}$ 0	$\boldsymbol{\delta}$ 1	$\boldsymbol{\omega}$ 0	$\boldsymbol{\omega}$ 1
Q_0 (B_0)	Q_7 (B_0)	Q_2 (B_3)	0	1
Q_7 (B_0)	Q_0 (B_0)	Q_2 (B_3)	0	1
Q_3 (B_4)	Q_5 (B_4)	Q_1 (B_1)	0	1
Q_5 (B_4)	Q_6 (B_4)	Q_1 (B_1)	0	1
Q_6 (B_4)	Q_3 (B_4)	Q_1 (B_1)	0	1
Q_1 (B_1)	Q_2 (B_3)	Q_3 (B_4)	0	0
Q_2 (B_3)	Q_4 (B_2)	Q_7 (B_0)	0	0
Q_4 (B_2)	Q_1 (B_1)	Q_8 (B_2)	0	0
Q_8 (B_2)	Q_1 (B_1)	Q_4 (B_2)	0	0

態に**縮退**させることで，冗長な状態を取り除き，この縮退した（より少ない状態数の）状態集合 $\hat{\boldsymbol{Q}}$ について新たな状態遷移関数 $\hat{\boldsymbol{\delta}}$ と出力関数 $\hat{\boldsymbol{\omega}}$ を求めることで，元の順序回路 $M(\boldsymbol{X},\boldsymbol{Q},\boldsymbol{Z},\boldsymbol{\delta},\boldsymbol{\omega})$ から簡単化された順序回路 $\hat{M}(\boldsymbol{X}, \hat{\boldsymbol{Q}}, \boldsymbol{Z}, \hat{\boldsymbol{\delta}}, \hat{\boldsymbol{\omega}})$ を導出することを考える．以下にその手順を示す．

(1)　順序回路 $M(\boldsymbol{X},\boldsymbol{Q},\boldsymbol{Z},\boldsymbol{\delta},\boldsymbol{\omega})$ において，7.1.3 項で説明した手順での等価状態集合 $B_0, B_1, \cdots, B_{L-1}$ を求め，各等価状態集合 B_i に含まれる状態を 1 つずつ選ぶ．ここで B_i で選ばれた状態を $\hat{Q}_i = Q_k \in B_i$ と表記し，選ばれた L 個の状態の集合を $\hat{\boldsymbol{Q}} = \{\hat{Q}_0, \hat{Q}_1, \cdots, \hat{Q}_{L-1}\}$ とする．

(2)　状態遷移 $\boldsymbol{\delta}(\boldsymbol{x}, Q_k) = Q_l$ において，$Q_l \in B_j$ のとき，Q_l を $\hat{Q}_j$ に置き換え，$\hat{\boldsymbol{\delta}}(\boldsymbol{x}, Q_k) = \hat{Q}_j$ とする．この遷移先状態の置換は，$Q_l \equiv \hat{Q}_j$ なので，明らかに順序回路の等価性を損なうことはない．

(3)　各等価状態集合 B_i において，$Q_k \in B_i$ について $Q_k \neq \hat{Q}_i$ ならば，状態 Q_k は状態遷移表の中で遷移先として現れないので，どの状態からも到達可能でない．つまりこのような $Q_k \in B_i$ は冗長な状態なので，状態遷移表から削除する．

(4)　出力関数は，特に変更なく $\hat{\boldsymbol{\omega}}(\boldsymbol{x}, \hat{Q}_i) = \boldsymbol{\omega}(\boldsymbol{x}, \hat{Q}_i)$ とする．

上記の手順で得られた順序回路 $\hat{M}(\boldsymbol{X}, \hat{\boldsymbol{Q}}, \boldsymbol{Z}, \hat{\boldsymbol{\delta}}, \hat{\boldsymbol{\omega}})$ は，明らかに元の順序回路 $M(\boldsymbol{X},\boldsymbol{Q},\boldsymbol{Z},\boldsymbol{\delta},\boldsymbol{\omega})$ と等価である．

表 7.6 の例では，例えば式 (7.19) のような状態の選び方をしたとする．

表 7.7　表 7.6 の状態遷移表における遷移先状態の置換

Q \ X	δ: 0	δ: 1	ω: 0	ω: 1
Q_0	Q_0	Q_2	0	1
Q_7	Q_0	Q_2	0	1
Q_3	Q_3	Q_1	0	1
Q_5	Q_3	Q_1	0	1
Q_6	Q_3	Q_1	0	1
Q_1	Q_2	Q_3	0	0
Q_2	Q_4	Q_0	0	0
Q_4	Q_1	Q_4	0	0
Q_8	Q_1	Q_4	0	0

表 7.8　表 7.7 の状態遷移表から冗長な状態を削除した状態遷移表

$\hat{Q}$ \ X	$\hat{\delta}$: 0	$\hat{\delta}$: 1	$\hat{\omega}$: 0	$\hat{\omega}$: 1
Q_0	Q_0	Q_2	0	1
Q_1	Q_2	Q_3	0	0
Q_2	Q_4	Q_0	0	0
Q_3	Q_3	Q_1	0	1
Q_4	Q_1	Q_4	0	0

$$\begin{aligned} B_0 &= \{Q_0, Q_7\} &&\longleftrightarrow \hat{Q}_0 = Q_0 \\ B_1 &= \{Q_1\} &&\longleftrightarrow \hat{Q}_1 = Q_1 \\ B_2 &= \{Q_4, Q_8\} &&\longleftrightarrow \hat{Q}_2 = Q_4 \\ B_3 &= \{Q_2\} &&\longleftrightarrow \hat{Q}_3 = Q_2 \\ B_4 &= \{Q_3, Q_5, Q_6\} &&\longleftrightarrow \hat{Q}_4 = Q_3 \end{aligned} \tag{7.19}$$

次に，表 7.7 に示すように状態遷移先を，等価状態集合で選ばれた状態に置き換える．すると，選ばれていない状態 Q_5, Q_6, Q_7, Q_8 はいずれの状態からも到達不可能であり，状態として冗長になることがわかる．最後に，これら冗長な状態を状態遷移表から削除することにより，表 7.8 に示すように簡単化された状態遷移表を得る．

7.2.3　順序回路の構造的導出と簡単化

順序回路の動作仕様を構造的に導出する設計手法が存在する場合，この構造的設計手法と順序回路の簡単化手法を組み合わせることで，最適化された順序回路を体系的に設計することができる．

ここでは，順序回路の動作仕様を構造的に導出する例として，5.2.2 項で取り上げたパターン検出器を考えよう．5.2.2 項では，長さ N のパターン検出器は，N 個の状態によって実現できることを説明したが，この場合 $\lceil \log_2 N \rceil$ 個の遅延回路によって実現できることを意味する．実は，これとはまったく異なった

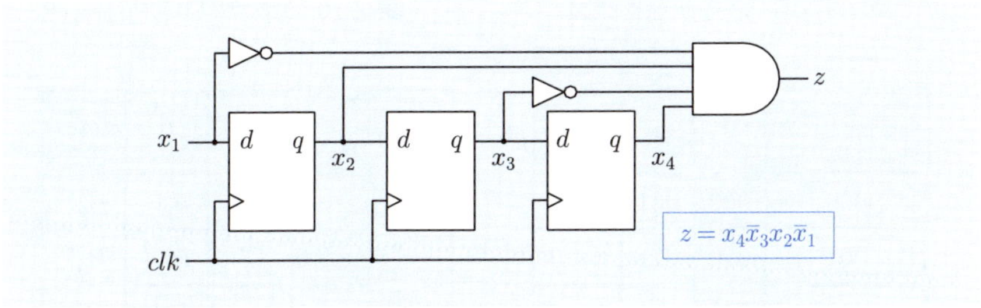

図 7.3 シフトレジスタによる 1010 パターン検出器の実現

アプローチとして，長さ N のパターン検出器を $N-1$ ビットシフトレジスタ (6.1.5 項) と簡単な組合せ回路で実現する方法がある．図 7.3 には，この方法によって実現した 1010 パターン検出器の回路図を示している．ここでは，3 ビットシフトレジスタによって入力を 3 時点前まで遅延したものを取り出しており，これらに現時点の入力を加えた 4 つの変数 x_4, x_3, x_2, x_1 に対して，検出対象のパターンに合わせて必要に応じて変数を反転させて AND ゲートで結合したものが出力となっている．1010 パターンの例では，$z = x_4\bar{x}_3x_2\bar{x}_1$ によって簡単に出力が計算できる．このようなパターン検出器の構成法は，具体的なパターンに拠らず同様の構造によって簡単に設計が可能である．

図 7.3 における D フリップフロップの出力 x_4, x_3, x_2 を状態変数と見なしたとき，すなわち $\boldsymbol{q} = (x_4x_3x_2)$ としたとき，次状態は $\boldsymbol{q}^{(1)} = (x_4^{(1)}x_3^{(1)}x_2^{(1)})$ であり，また，$x_4^{(1)} = x_3$，$x_3^{(1)} = x_2$，$x_2^{(1)} = x_1$ であることから，以下の関係式を得る．

$$\boldsymbol{q}^{(1)} = (x_4^{(1)}x_3^{(1)}x_2^{(1)}) = (x_3x_2x_1) \tag{7.20}$$

また，出力関数は

$$z = x_4\bar{x}_3x_2\bar{x}_1 \tag{7.21}$$

であるので，表 7.9 に示す状態遷移表を導出することができる．

この状態遷移表では，出力関数 $\boldsymbol{\omega}$ を見ると，状態 (101) 以外の 7 つ状態が 1 次等価であることがすぐわかる．この状態遷移表の 1 次・2 次・3 次等価状態集合をそれぞれ表 7.10，7.11，7.12 に示す．最終的に状態の等価性によって，表 7.13 に示すように 4 つの状態からなる状態遷移表に簡単化され，これは 2 つの状態変数 $\boldsymbol{q} = (q_2q_1)$ で状態遷移関数を実現できることを意味する．ここまでのことを整理すると，

表 7.9 図 7.3 の状態遷移図

$x_4x_3x_2$ \ x_1	δ 0	δ 1	ω 0	ω 1
000	000	001	0	0
001	010	011	0	0
010	100	101	0	0
011	110	111	0	0
100	000	001	0	0
101	010	011	1	0
110	100	101	0	0
111	110	111	0	0

表 7.10 1 次等価状態集合

	$x_4x_3x_2$ \ x_1	0	1
$B_0^{(1)}$	000	$B_0^{(1)}$	$B_0^{(1)}$
	001	$B_0^{(1)}$	$B_0^{(1)}$
	010	$B_0^{(1)}$	$B_1^{(1)}$
	011	$B_0^{(1)}$	$B_0^{(1)}$
	100	$B_0^{(1)}$	$B_0^{(1)}$
	110	$B_0^{(1)}$	$B_1^{(1)}$
	111	$B_0^{(1)}$	$B_0^{(1)}$
$B_1^{(1)}$	101	$B_0^{(1)}$	$B_0^{(1)}$

表 7.11 2 次等価状態集合

	$x_4x_3x_2$ \ x_1	0	1
$B_0^{(2)}$	000	$B_0^{(2)}$	$B_0^{(2)}$
	001	$B_2^{(2)}$	$B_0^{(2)}$
	011	$B_2^{(2)}$	$B_0^{(2)}$
	100	$B_0^{(2)}$	$B_0^{(2)}$
	111	$B_2^{(2)}$	$B_0^{(2)}$
$B_2^{(2)}$	010	$B_0^{(2)}$	$B_1^{(2)}$
	110	$B_0^{(2)}$	$B_1^{(2)}$
$B_1^{(2)}$	101	$B_2^{(2)}$	$B_0^{(2)}$

表 7.12 3 等価状態集合

	$x_4x_3x_2$ \ x_1	0	1
$B_0^{(3)}$	000	$B_0^{(3)}$	$B_3^{(3)}$
	100	$B_0^{(3)}$	$B_3^{(3)}$
$B_3^{(3)}$	001	$B_2^{(3)}$	$B_3^{(3)}$
	011	$B_2^{(3)}$	$B_3^{(3)}$
	111	$B_2^{(3)}$	$B_3^{(3)}$
$B_2^{(3)}$	010	$B_0^{(3)}$	$B_1^{(3)}$
	110	$B_0^{(3)}$	$B_1^{(3)}$
$B_1^{(3)}$	101	$B_2^{(3)}$	$B_3^{(3)}$

- 長さ N のパターン検出器は，$N-1$ ビットシフトレジスタと簡単な NOT-AND 組合せ回路によって実現でき，パターン長やパターンそのものには依存しない構造をとる．
- シフトレジスタによる実現において，等価な状態を求めることにより，最終的に N 状態の順序回路を導くことができる．これにより，シフトレジスタでは $N-1$ 個のフリップフロップが必要であったのを，$\lceil \log_2 N \rceil$ 個まで削減できる．

表 7.13 簡単化された 1010 パターン検出器の状態遷移表

	$\hat{\delta}$		$\hat{\omega}$	
$\hat{Q}$ \ x_1	0	1	0	1
Q_0	Q_0	Q_3	0	0
Q_1	Q_2	Q_3	1	0
Q_2	Q_0	Q_1	0	0
Q_3	Q_2	Q_3	0	0

順序回路と有限オートマトン

「有限オートマトン」(Finite Automaton) とは，有限個の状態と入力に対する状態遷移が定義された動作モデルであり，これまで見てきた「順序回路」も実はこの有限オートマトンの 1 種である．有限オートマトンには，順序回路のように入力と状態に対する出力が定義されているものもあれば，「正規言語」を受理する機能を持つものもある．また，入力と状態の組に対して状態遷移が複数存在する「非決定性有限オートマトン」と，1 つだけ存在する「決定性有限オートマトン」にも分類される．

対象とする正規言語から「非決定性有限オートマトン」へ，さらにそこから「決定性有限オートマトン」へとそれぞれ変換する手法は確立されており，このように自動的に導出された決定性有限オートマトンは，数多くの冗長な状態が存在することが多い．そこで，最後の仕上げとして本節で学んだ「等価性による状態の簡単化」を行うことで，計算機上で効率的に実装できる動作モデルを得ることができ，これら一連の流れはちょうど 7.2.3 項で取り上げた「動作仕様を構造的に導出する」好例であるといえよう．

7.3 非等価な状態の判別法

本章では，これまで順序回路の設計における簡単化手法として状態の等価性とその判別法について考えてきた．一方，非等価な状態を区別する入力系列は，設計された順序回路の動作試験や故障診断などの動作検証のために重要である．ここでは，順序回路の状態を判定するためのいくつかの問題について考える．

7.3.1 状態を区別する入力系列

非等価な状態 Q_i, Q_j を区別する最短の入力系列を $\tilde{\boldsymbol{x}}_D(Q_i, Q_j)$ と表記する．$|\tilde{\boldsymbol{x}}_D(Q_i, Q_j)| = k$，つまり $\tilde{\boldsymbol{x}}_D(Q_i, Q_j)$ の長さが k の場合，Q_i, Q_j は長さ k 未満の入力系列では区別できないが，長さ k の入力系列で区別できることを意味する．すなわち，

$$|\tilde{\boldsymbol{x}}_D(Q_i, Q_j)| = k \iff Q_i \overset{k-1}{\equiv} Q_j,\ Q_i \overset{k}{\not\equiv} Q_j \tag{7.22}$$

任意の状態対は 0 次等価であるので，式 (7.22) は $k = 1$ の場合でも成り立つ．

ここで，$\tilde{\boldsymbol{x}}_D(Q_i, Q_j)$ の具体的な求め方を考えよう．まず，$|\tilde{\boldsymbol{x}}_D(Q_i, Q_j)| = 1$ の場合は，$Q_i \overset{1}{\not\equiv} Q_j$ であり，出力が異なるような入力を求めればよいので，

$$\boldsymbol{\omega}(\boldsymbol{x}^{(0)}, Q_i) \neq \boldsymbol{\omega}(\boldsymbol{x}^{(0)}, Q_j) \tag{7.23}$$

を満たすような $\boldsymbol{x}^{(0)}$ を求めて，$\tilde{\boldsymbol{x}}_D(Q_i, Q_j) = \boldsymbol{x}^{(0)}$ と定める．

次に，$|\tilde{\boldsymbol{x}}_D(Q_i, Q_j)| = k \geq 2$ の場合は，$\tilde{\boldsymbol{x}}_D(Q_i, Q_j) = \boldsymbol{x}^{(0)}\tilde{\boldsymbol{x}}^{(k-1)}$ として，$\tilde{\boldsymbol{x}}_D(Q_i, Q_j)$ の先頭入力 $\boldsymbol{x}^{(0)}$ を最初に求めてから，その次の長さ $k-1$ の入力系列 $\tilde{\boldsymbol{x}}^{(k-1)}$ を求めることを考える．入力 $\boldsymbol{x}^{(0)}$ による Q_i, Q_j の遷移先状態を

$$\begin{aligned} Q_i^{(1)} &= \boldsymbol{\delta}(\boldsymbol{x}^{(0)}, Q_i) \\ Q_j^{(1)} &= \boldsymbol{\delta}(\boldsymbol{x}^{(0)}, Q_j) \end{aligned} \tag{7.24}$$

とすると，$Q_i^{(1)}, Q_j^{(1)}$ は $\tilde{\boldsymbol{x}}^{(k-1)}$ によって区別されるので，

$$\boldsymbol{\delta}(\boldsymbol{x}^{(0)}, Q_i) \overset{k-1}{\not\equiv} \boldsymbol{\delta}(\boldsymbol{x}^{(0)}, Q_j) \tag{7.25}$$

となるような $\boldsymbol{x}^{(0)}$ を $\tilde{\boldsymbol{x}}_D(Q_i, Q_j)$ の先頭入力に定めればよい．

また，$Q_i \overset{k-1}{\equiv} Q_j$ であるためには，$Q_i^{(1)} \overset{k-2}{\equiv} Q_j^{(1)}$ である必要があるので，$\tilde{\boldsymbol{x}}^{(k-1)}$ は $Q_i^{(1)}, Q_j^{(1)}$ を区別する最短の入力系列である．すなわち，

$$\tilde{\boldsymbol{x}}^{(k-1)} = \tilde{\boldsymbol{x}}_D(Q_i^{(1)}, Q_j^{(1)}) \tag{7.26}$$

以後，$\tilde{\boldsymbol{x}}_D(Q_i^{(1)}, Q_j^{(1)})$ を同じ手順で再帰的に求めることができる．

ここで，$|\tilde{\boldsymbol{x}}_D(Q_i, Q_j)| = k$ のとき，状態 Q_i, Q_j が属する k 次等価状態集合 $B_m^{(k)} \ni Q_i$，$B_n^{(k)} \ni Q_j$ を考える．任意の状態 $Q_i' \in B_m^{(k)}$，$Q_j' \in B_n^{(k)}$ 及び任意

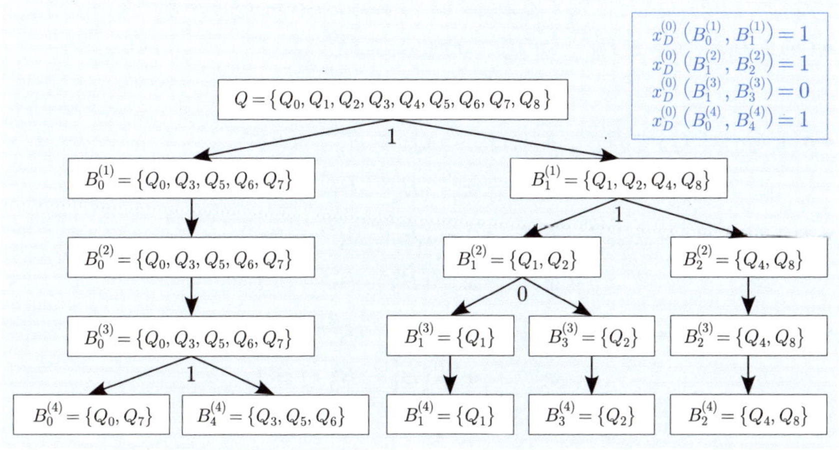

図 7.4 表 7.1 の状態遷移表における状態の部分等価集合の分割

の長さ k の入力系列 $\tilde{\boldsymbol{x}}^{(k)}$ について，$\boldsymbol{\omega}(\tilde{\boldsymbol{x}}^{(k)}, Q_i') = \boldsymbol{\omega}(\tilde{\boldsymbol{x}}^{(k)}, Q_i)$, $\boldsymbol{\omega}(\tilde{\boldsymbol{x}}^{(k)}, Q_j') = \boldsymbol{\omega}(\tilde{\boldsymbol{x}}^{(k)}, Q_j)$ が成り立つので，$B_m^{(k)}, B_n^{(k)}$ にそれぞれ属する任意の状態 Q_i', Q_j' は $\tilde{\boldsymbol{x}}_D(Q_i, Q_j)$ によって区別されることは明らかである．そこで，このような $\tilde{\boldsymbol{x}}_D(Q_i, Q_j)$ を「$B_m^{(k)}, B_n^{(k)}$ を区別」する最短の入力系列と見なして，

$$\tilde{\boldsymbol{x}}_D(B_m^{(k)}, B_n^{(k)}) = \tilde{\boldsymbol{x}}_D(Q_i, Q_j) \tag{7.27}$$

と表し，$\tilde{\boldsymbol{x}}_D(B_m^{(k)}, B_n^{(k)})$ の先頭入力を $\boldsymbol{x}_D^{(0)}(B_m^{(k)}, B_n^{(k)})$ と表すことにする．

図 7.4 には，160 ページの表 7.1 の状態遷移表において，部分等価性による状態集合が分割される様子を示している．

- 元の状態集合 $\boldsymbol{Q}$ から分割した 1 次等価状態集合 $B_0^{(1)}, B_1^{(1)}$ を区別する長さ 1 の入力系列は式 (7.23) によって与えられ，表 7.1 より $\boldsymbol{x}_D^{(0)}(B_0^{(1)}, B_1^{(1)}) = 1$ となる．
- $B_1^{(1)}$ から分割した $B_1^{(2)}, B_2^{(2)}$ を区別する長さ 2 の入力系列の先頭入力は式 (7.24) によって与えられ，表 7.2 より $\boldsymbol{x}_D^{(0)}(B_1^{(2)}, B_2^{(2)}) = 1$ となる．
- $B_1^{(2)}$ から分割した $B_1^{(3)}, B_3^{(3)}$ を区別する長さ 3 の入力系列の先頭入力は式 (7.24) によって与えられ，表 7.3 より $\boldsymbol{x}_D^{(0)}(B_1^{(3)}, B_3^{(3)}) = 0$ となる．
- $B_0^{(3)}$ から分割した $B_0^{(4)}, B_4^{(4)}$ を区別する長さ 4 の入力系列の先頭入力は式 (7.24) によって与えられ，表 7.4 より $\boldsymbol{x}_D^{(0)}(B_0^{(4)}, B_4^{(4)}) = 1$ となる．

ここで，Q_0, Q_3 を区別する最短の入力系列 $\tilde{\boldsymbol{x}}_D(Q_0, Q_3)$ を求めてみよう．

- $Q_0 \in B_0^{(4)}$，$Q_3 \in B_4^{(4)}$ なので，先頭入力 $\boldsymbol{x}^{(0)}$ は
$$\boldsymbol{x}^{(0)} = \boldsymbol{x}_D^{(0)}(B_0^{(4)}, B_4^{(4)}) = 1$$
- $\boldsymbol{\delta}(1, Q_0) = Q_2 \in B_3^{(3)}$，$\boldsymbol{\delta}(1, Q_3) = Q_1 \in B_1^{(3)}$ なので，
$$\boldsymbol{x}^{(1)} = \boldsymbol{x}_D^{(0)}(B_3^{(3)}, B_1^{(3)}) = 0$$
- $\boldsymbol{\delta}(0, Q_2) = Q_4 \in B_2^{(2)}$，$\boldsymbol{\delta}(0, Q_1) = Q_2 \in B_1^{(2)}$ なので，
$$\boldsymbol{x}^{(2)} = \boldsymbol{x}_D^{(0)}(B_2^{(2)}, B_1^{(2)}) = 1$$
- $\boldsymbol{\delta}(1, Q_4) = Q_8 \in B_2^{(2)}$，$\boldsymbol{\delta}(1, Q_2) = Q_7 \in B_1^{(2)}$ なので，
$$\boldsymbol{x}^{(3)} = \boldsymbol{x}_D^{(0)}(B_1^{(1)}, B_0^{(1)}) = 1$$

したがって，
$$\tilde{\boldsymbol{x}}_D(Q_0, Q_3) = \boldsymbol{x}^{(0)}\boldsymbol{x}^{(1)}\boldsymbol{x}^{(2)}\boldsymbol{x}^{(3)} = 1011 \tag{7.28}$$

なお，ここで考えた表 7.1 の状態遷移表における任意の非等価な状態対を区別する最短の入力系列は，以下のいずれかである．
$$\begin{aligned}
&Q_i \in B_0^{(1)},\ Q_j \in B_1^{(1)},\ \tilde{\boldsymbol{x}}_D(Q_i, Q_j) = \tilde{\boldsymbol{x}}_D(B_0^{(1)}, B_1^{(1)}) = 1 \\
&Q_i \in B_1^{(2)},\ Q_j \in B_2^{(2)},\ \tilde{\boldsymbol{x}}_D(Q_i, Q_j) = \tilde{\boldsymbol{x}}_D(B_1^{(2)}, B_2^{(2)}) = 11 \\
&Q_i \in B_1^{(3)},\ Q_j \in B_3^{(3)},\ \tilde{\boldsymbol{x}}_D(Q_i, Q_j) = \tilde{\boldsymbol{x}}_D(B_1^{(3)}, B_3^{(3)}) = 011 \\
&Q_i \in B_0^{(4)},\ Q_j \in B_4^{(4)},\ \tilde{\boldsymbol{x}}_D(Q_i, Q_j) = \tilde{\boldsymbol{x}}_D(B_0^{(4)}, B_4^{(4)}) = 1011
\end{aligned} \tag{7.29}$$

7.3.2　出力系列の観測による状態の判定と状態の同期化

前項では，2つの非等価な状態を区別する入力系列を考えたが，ここでは状態の判定をより一般化した問題として考察していく．以下では，状態集合 $\boldsymbol{Q}$ はすべて非等価な状態からなるという前提の上で議論を進める．

定義 7.11（判定系列）

出力系列を観測することで初期状態を特定できる入力系列を**判定系列**（distinguishing sequence）と呼ぶ．判定系列を $\tilde{\boldsymbol{x}}_D$ と表したとき，$\boldsymbol{Q}$ に属する各状態について，$\tilde{\boldsymbol{x}}_D$ を印加したときの出力系列はすべて異なる．すなわち，
$$\forall Q_i, Q_j \in \boldsymbol{Q},\ \boldsymbol{\omega}(\tilde{\boldsymbol{x}}_D, Q_i) \neq \boldsymbol{\omega}(\tilde{\boldsymbol{x}}_D, Q_j) \tag{7.30}$$

定義 7.12（同期化系列）

任意の状態からある 1 つの状態に遷移させることのできる入力系列を**同期化系列**（synchronizing sequence）と呼ぶ．同期化系列を $\tilde{\boldsymbol{x}}_S$ と表したとき，$\boldsymbol{Q}$ に属する各状態について，$\tilde{\boldsymbol{x}}_S$ を印加したとき最終状態は同じになる．すなわち，

$$\forall Q_i, Q_j \in \boldsymbol{Q},\ \boldsymbol{\delta}(\tilde{\boldsymbol{x}}_S, Q_i) = \boldsymbol{\delta}(\tilde{\boldsymbol{x}}_S, Q_j) \tag{7.31}$$

定義 7.13（ホーミング系列）

出力系列を観測することで最終状態を特定できる入力系列を**ホーミング系列**（homing sequence）と呼ぶ．ホーミング系列を $\tilde{\boldsymbol{x}}_H$ と表したとき，$\boldsymbol{Q}$ に属する各状態について，$\tilde{\boldsymbol{x}}_H$ を印加したときの出力系列が同じであれば，最終状態も同じである．すなわち，

$$\forall Q_i, Q_j \in \boldsymbol{Q},\ (\boldsymbol{\omega}(\tilde{\boldsymbol{x}}_H, Q_i) = \boldsymbol{\omega}(\tilde{\boldsymbol{x}}_H, Q_j) \implies \boldsymbol{\delta}(\tilde{\boldsymbol{x}}_H, Q_i) = \boldsymbol{\delta}(\tilde{\boldsymbol{x}}_H, Q_j)) \tag{7.32}$$

判定系列と同期化系列は，この後の例で示すように，存在しない場合がある．一方，ホーミング系列は常に存在することが知られており，N 状態の順序回路において長さ $O(N^2)$ のホーミング系列を生成するアルゴリズムが存在する[1)]．

また，判定系列，同期化系列，及びホーミング系列の間には以下の関係が成り立つ．

- 判定系列はホーミング系列である（∵初期状態が判別できれば最終状態も判別できる）．
- 同期化系列はホーミング系列である（∵同期化系列によって最終状態が一義的に定まる）．

例 1　図 7.5(a) の状態遷移図について，判定系列，同期化系列，ホーミング系列を考える．

判定系列　0 を入力すると，Q_0, Q_3 はともに 0 を出力し Q_0 に遷移するので，0 で始まる入力系列は Q_0 と Q_3 を区別できない．一方，1 を入力すると，今後は Q_0 と Q_1 がともに 1 を出力し Q_1 に遷移するので，1 で始まる入力系列は Q_0 と Q_1 を区別できない．つまり，任意の入力系列 $\tilde{\boldsymbol{x}}$ について，$\boldsymbol{\delta}(\tilde{\boldsymbol{x}}, Q_0) = \boldsymbol{\delta}(\tilde{\boldsymbol{x}}, Q_3)$ または $\boldsymbol{\delta}(\tilde{\boldsymbol{x}}, Q_0) = \boldsymbol{\delta}(\tilde{\boldsymbol{x}}, Q_1)$ となるので，判定系列 $\tilde{\boldsymbol{x}}_D$ は存在しない．

---

1) R. L. Rivest, and R. E. Schapire, "Inference of finite automata using homing sequences", Information and Computation, Vol. 103, pp.299–347, (1993)

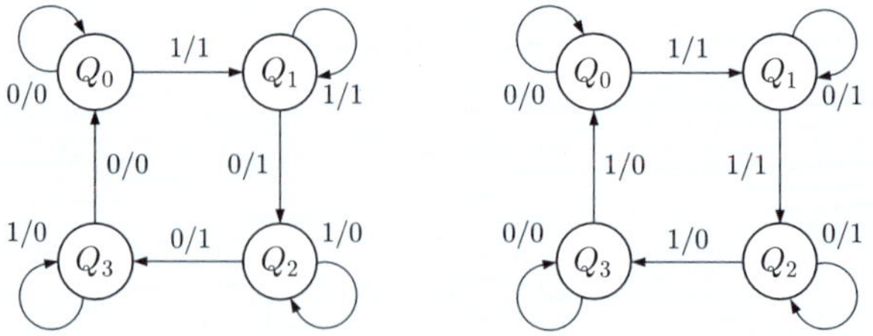

図 7.5　状態遷移図

同期化系列　$\tilde{\boldsymbol{x}}_S = 000$ を印加すると，4 つの状態は以下の状態遷移を行う．

$$
\begin{array}{l}
Q_0 \xrightarrow{0/0} Q_0 \xrightarrow{0/0} Q_0 \xrightarrow{0/0} Q_0 \\
Q_1 \xrightarrow{0/1} Q_2 \xrightarrow{0/1} Q_3 \xrightarrow{0/0} Q_0 \\
Q_2 \xrightarrow{0/1} Q_3 \xrightarrow{0/0} Q_0 \xrightarrow{0/0} Q_0 \\
Q_3 \xrightarrow{0/0} Q_0 \xrightarrow{0/0} Q_0 \xrightarrow{0/0} Q_0
\end{array}
$$

いずれも最終状態は Q_0 なので，$\tilde{\boldsymbol{x}}_S = 000$ は同期化系列である．

ホーミング系列　$\tilde{\boldsymbol{x}}_H = 10$ を印加すると，4 つの状態は以下の状態遷移を行う．

$$
\begin{array}{l}
Q_0 \xrightarrow{1/1} Q_1 \xrightarrow{0/1} Q_2 \\
Q_1 \xrightarrow{1/1} Q_1 \xrightarrow{0/1} Q_2 \\
Q_2 \xrightarrow{1/0} Q_2 \xrightarrow{0/1} Q_3 \\
Q_3 \xrightarrow{1/0} Q_3 \xrightarrow{0/0} Q_0
\end{array}
$$

最終状態は，Q_2（出力 11），Q_3（出力 01），Q_0（出力 00）のいずれかであるので，$\tilde{\boldsymbol{x}}_H = 10$ はホーミング系列である．また，同期化系列 $\tilde{\boldsymbol{x}}_S = 000$ もホーミング系列である．　□

例 2　図 7.5(b) の状態遷移図について，判定系列，同期化系列，ホーミング系列を考える．

この順序回路は，0 を入力すると，いずれの状態も同じ状態に留まり，1 を入力すると，いずれの状態も隣の状態に（ただし Q_3 の場合は Q_0 に）遷移する．つまり，任意の入力系列 $\tilde{\boldsymbol{x}}$ に対して，異なる 2 つの状態の遷移先状態は必ず異なる，すなわち，

$$\forall \tilde{\boldsymbol{x}},\ \forall Q_i, Q_j \in \boldsymbol{Q},\ \boldsymbol{\delta}(\tilde{\boldsymbol{x}}, Q_i) \neq \boldsymbol{\delta}(\tilde{\boldsymbol{x}}, Q_j) \tag{7.33}$$

という性質がある．この場合，同期化系列に関する式 (7.31) は明らかに満たさないので，同期化系列は存在しない．

また，ホーミング系列に関する式 (7.32) は以下のように書くことができる．

$$\forall Q_i, Q_j \in \boldsymbol{Q},\ (\boldsymbol{\delta}(\tilde{\boldsymbol{x}}_H, Q_i) \neq \boldsymbol{\delta}(\tilde{\boldsymbol{x}}_H, Q_j) \implies \boldsymbol{\omega}(\tilde{\boldsymbol{x}}_H, Q_i) \neq \boldsymbol{\omega}(\tilde{\boldsymbol{x}}_H, Q_j)) \tag{7.34}$$

ここで，式 (7.33) が成り立つならば，式 (7.35) は以下のようになる．

$$\forall Q_i, Q_j \in \boldsymbol{Q},\ \boldsymbol{\omega}(\tilde{\boldsymbol{x}}_H, Q_i) \neq \boldsymbol{\omega}(\tilde{\boldsymbol{x}}_H, Q_j) \tag{7.35}$$

これは，式 (7.30) と同じである．つまり，式 (7.33) を満たすような順序回路の場合，すべてのホーミング系列は同時に判定系列でもある，ということがわかる．

判定系列・ホーミング系列　$\tilde{\boldsymbol{x}} = 01$ を印加すると，4 つの状態は以下の状態遷移を行う．

$$\begin{array}{l} Q_0 \xrightarrow{0/0} Q_0 \xrightarrow{1/1} Q_1 \\ Q_1 \xrightarrow{0/1} Q_1 \xrightarrow{1/1} Q_2 \\ Q_2 \xrightarrow{0/1} Q_2 \xrightarrow{1/0} Q_3 \\ Q_3 \xrightarrow{0/0} Q_3 \xrightarrow{1/0} Q_0 \end{array}$$

初期状態が Q_0（出力 01），Q_1（出力 11），Q_2（出力 10），Q_3（出力 00）のいずれの場合も異なる出力系列を持つので，$\tilde{\boldsymbol{x}} = 01$ は判定系列である．この他にも，$\tilde{\boldsymbol{x}} = 11$ を印加すると，

$$\begin{array}{l} Q_0 \xrightarrow{1/1} Q_1 \xrightarrow{1/0} Q_2 \\ Q_1 \xrightarrow{1/1} Q_2 \xrightarrow{1/1} Q_3 \\ Q_2 \xrightarrow{1/0} Q_3 \xrightarrow{1/1} Q_0 \\ Q_3 \xrightarrow{1/0} Q_0 \xrightarrow{1/0} Q_1 \end{array}$$

初期状態が Q_0（出力 11），Q_1（出力 10），Q_2（出力 00），Q_3（出力 01）のいずれの場合も異なる出力系列を持つので，$\tilde{\boldsymbol{x}}_D = 11$ も判定系列である．また，これら 2 つの判定系列は同時にホーミング系列でもある．

なお，入力系列 10, 00 は判定系列でもホーミング系列でもない．　□

7章の問題

□**1**　表7.14に示す状態遷移表について以下に答えよ．

表7.14　状態遷移表

	δ		ω	
Q \ X	0	1	0	1
Q_0	Q_1	Q_6	0	0
Q_1	Q_5	Q_3	0	0
Q_2	Q_2	Q_4	0	0
Q_3	Q_0	Q_7	0	1
Q_4	Q_4	Q_2	0	1
Q_5	Q_8	Q_3	0	0
Q_6	Q_6	Q_2	0	1
Q_7	Q_0	Q_3	0	1
Q_8	Q_1	Q_7	0	0

(1)　すべての等価状態集合を求めよ．

(2)　状態の等価性に基づいて簡単化した状態遷移表を示せ．

(3)　以下の状態対について，これらを区別する最短の入力系列を求めよ．

　(a)　(Q_0, Q_1)

　(b)　(Q_3, Q_4)

　(c)　(Q_0, Q_2)

□**2**　11001パターン検出器について以下を答えよ．

(1)　7.2.3項で考えたシフトレジスタによる構成法で実現した場合の状態遷移表を示せ．

(2)　上記のシフトレジスタで実現した11001パターン検出器を簡単化した状態遷移表を示せ．

(3)　簡単化された状態遷移表において，判定系列，同期化系列，ホーミング系列をそれぞれ求めよ．

□**3**　表7.8の状態遷移表について，判定系列，同期化系列，ホーミング系列をそれぞれ求めよ．

第8章

状態の両立性による順序回路の簡単化

7章では，状態の等価性とこれを利用した順序回路の簡単化を考えたが，これが適用できるのは「完全定義順序回路」，つまり，状態遷移表におけるすべての状態遷移と出力が定義されている順序回路だけである．一方，順序回路には，外部回路との関係性によって状態遷移や出力の一部がドントケアとなる「不完全定義順序回路」も存在し，この場合は状態の等価性ではなく状態の「両立性」を利用した順序回路の簡単化を考える必要がある．

本章では，特に以下の項目について詳細に見ていく．

- 不完全定義順序回路，状態の両立性とその判別，両立的状態集合の導出，状態の両立性に基づく順序回路の簡単化

8.1　不完全定義順序回路と状態の区別

8.1.1　完全定義順序回路と不完全定義順序回路

これまで考えてきた順序回路では，状態遷移関数 $\boldsymbol{\delta}$ と出力関数 $\boldsymbol{\omega}$ は，これらの共通の変域 $\boldsymbol{X} \times \boldsymbol{Q}$ のすべてにおいて定義されていた．このような順序回路を**完全定義順序回路**と呼ぶ．逆に，状態遷移関数 $\boldsymbol{\delta}$ と出力関数 $\boldsymbol{\omega}$ が変域 $\boldsymbol{X} \times \boldsymbol{Q}$ の一部で定義されていない場合は，**不完全定義順序回路**と呼ぶ．

表 8.1　不完全定義順序回路

	$\boldsymbol{\delta}$		$\boldsymbol{\omega}$	
$\boldsymbol{Q}$ \ $\boldsymbol{X}$	0	1	0	1
Q_0	Q_4	$*$	0	1
Q_1	Q_3	Q_2	0	$*$
Q_2	Q_1	Q_0	0	0
Q_3	$*$	Q_0	$*$	1
Q_4	Q_0	Q_5	0	$*$
Q_5	Q_3	Q_1	0	1

表 8.1 に，不完全定義な状態遷移表の例を示す．この表は，状態の等価性によって簡単化された表 7.8 の状態遷移表から，状態遷移先 2 箇所と出力 2 箇所をドントケアに書き換えたものである．順序回路の動作が不完全定義となるのは，その順序回路がより大きなシステムの構成要素としてシステムの他の部分と相互作用して動作するような状況に起因することが多い．例えば，表 8.1 では，以下の 3 つの場合において動作が不完全定義となっている．

- 入力と状態の組 $(1, Q_1), (1, Q_4)$ では，遷移先状態は定義されているが出力が未定義である．このことは，これらの入力と状態のときの出力がシステムの他の部分への動作に影響を与えないような状況にあることを示している．
- 入力と状態の組 $(1, Q_0)$ では，出力が定義されているが遷移先状態が未定義なため，次の時点からの状態が不定になる[1]．このことは，$(1, Q_0)$ が発生した次の時点からこの順序回路の出力がシステムの他の部分への動作に影響を与えなくなるような状況にあることを示している．ただし，このような状況は実際の設計上では稀であろう．

[1] ここでは，「不定」状態の次状態は「不定」であるとしている．

- 入力と状態の組 $(0, Q_3)$ では，遷移先状態と出力がともに未定義である．これは，入力系列の発生源において，状態 Q_3 のとき入力 0 が発生しないことが保証されているような状況にあることを示している．

ここで，順序回路（状態遷移関数と出力関数）が完全定義であっても，状態遷移関数と出力関数を実現する論理関数が完全定義であるとは限らない．例えば，122 ページの図 5.6 の 3 進カウンタのカルノー図では，状態変数として出現しない $(q_2q_1) = (11)$ のときの出力がドントケアになっており，状態遷移関数と出力関数を実現する論理関数は不完全定義であるが，状態遷移関数 $\boldsymbol{\delta}$ と出力関数 $\boldsymbol{\omega}$ のすべての変域において定義されているので，順序回路としては完全定義である．一方，順序回路が不完全定義の場合は，必然的に状態遷移関数と出力関数は不完全定義になる．

8.1.2 不完全定義順序回路における状態の区別

不完全定義順序回路では，印加する入力系列によっては出力がドントケアになることがあるので，2 つの状態を区別する入力系列を考えるとき，出力系列に現れるドントケアをどのように扱うかを明確にする必要がある．その準備として，以下を定義する．

定義 8.1（ドントケアを含む系列の両立性）

2 つの長さ k の系列 $\tilde{\boldsymbol{z}}_1^{(k)}, \tilde{\boldsymbol{z}}_2^{(k)}$ において，各時点の値 $\boldsymbol{z}_1^{(i)}, \boldsymbol{z}_2^{(i)}$ $(i = 0, 1, \cdots, k-1)$ を考える．すべての i について，$\boldsymbol{z}_1^{(i)}, \boldsymbol{z}_2^{(i)}$ のどちらかがドントケアであるか，または，$\boldsymbol{z}_1^{(i)} = \boldsymbol{z}_2^{(i)}$ である場合，2 つの系列 $\tilde{\boldsymbol{z}}_1^{(k)}, \tilde{\boldsymbol{z}}_2^{(k)}$ は**両立的**（compatible）であるといい，以下のように表記する．

$$\tilde{\boldsymbol{z}}_1^{(k)} \cong \tilde{\boldsymbol{z}}_2^{(k)} \tag{8.1}$$

また，$\boldsymbol{z}_1^{(i)}, \boldsymbol{z}_2^{(i)}$ がどちらともドントケアでなく，かつ，$\boldsymbol{z}_1^{(i)} \neq \boldsymbol{z}_2^{(i)}$ であるような値 $\boldsymbol{z}_1^{(i)}, \boldsymbol{z}_2^{(i)}$ が存在する場合，2 つの系列 $\tilde{\boldsymbol{z}}_1^{(k)}, \tilde{\boldsymbol{z}}_2^{(k)}$ は**非両立的**であるといい，以下のように表記する．

$$\tilde{\boldsymbol{z}}_1^{(k)} \ncong \tilde{\boldsymbol{z}}_2^{(k)} \tag{8.2}$$

完全定義順序回路の出力系列はドントケアを含まないので，出力系列が区別できないときは，系列中のすべての値が一致することを意味する．しかし，不完全定義順序回路の出力系列が区別できないときは，系列中にドントケア以外の値で一致しない箇所がないことを意味するだけである．

補題 8.1

系列の両立性は，**推移律**（transitivity）が成立しない．

推移律とは，例えば，$A = B, A = C$ ならば $B = C$ である，という**二項関係**を指す．上記の補題を3つの長さ2の系列 $0*, 00, 01$ で考えると，

$$\begin{aligned} 0* &\cong 00 \\ 0* &\cong 01 \\ 00 &\not\cong 01 \end{aligned} \tag{8.3}$$

であるので，系列の両立性では推移律が成り立たないことは明らかである．

次に，定義7.7で導入した「状態を区別する入力系列」という概念を，不完全定義順序回路について以下の通り適用する．

定義 8.2（不完全定義順序回路において状態を区別する入力系列）

不完全定義順序回路の状態 Q_i, Q_j において，ある入力系列 $\tilde{\boldsymbol{x}}$ に対する出力系列が非両立的である場合，すなわち，

$$\boldsymbol{\omega}(\tilde{\boldsymbol{x}}, Q_i) \not\cong \boldsymbol{\omega}(\tilde{\boldsymbol{x}}, Q_j) \tag{8.4}$$

となる場合，完全定義順序回路のときと同様に，この入力系列 $\tilde{\boldsymbol{x}}$ を，Q_i, Q_j を区別する入力系列という．

ここでは，表8.1の例で考えてみよう．例えば，長さ1の入力系列 $\tilde{\boldsymbol{x}}^{(1)} = 1$ によって，出力が異なる Q_0, Q_2 を区別できることは明らかである．同様に，$\tilde{\boldsymbol{x}}^{(1)} = 1$ によって Q_2, Q_3 や Q_2, Q_5 も区別できる．

また，Q_1, Q_2 に着目すると，両者の出力がドントケアでなく異なる値を取るような入力は存在しないので，長さ1の入力系列によってこれらを区別することはできない．しかし，入力 $x = 1$ によってそれぞれ Q_2, Q_0 に遷移するので，$\tilde{\boldsymbol{x}}^{(2)} = 11$ によってこれらの状態を区別できることがわかる．

一方，Q_0, Q_3 に着目すると，同様に長さ1の入力系列によってこれらを区別することはできない．次に，入力 $x = 0$ によって Q_3 の次状態がドントケアになるので，0で始まる入力系列に対する Q_3 の出力系列は，2番目の出力以降はすべてドントケアになる．同様に，1で始まる入力系列に対する Q_0 の出力系列は，2番目の出力以降はすべてドントケアになる．つまり，長さ2以上の入力系列に対する出力系列は，いずれかが2番目以降がドントケアになるので，結果として，Q_0, Q_3 を区別する入力系列は存在しないことになる．

8.2 両立的状態集合

8.2.1 状態の両立性とその判別

完全定義順序回路において，状態の区別ができないことを「状態の等価性」として捉えたように，不完全定義順序回路においても同様の状態の性質を**状態の両立性**として定式化できる．

定義 8.3（状態の両立性）

不完全定義順序回路の状態 Q_i, Q_j を区別する入力系列が存在しない場合，これらは**両立的**であるといい，$Q_i \sim Q_j$ と表記する．

$$Q_i \sim Q_j \iff \forall \tilde{\boldsymbol{x}},\ \boldsymbol{\omega}(\tilde{\boldsymbol{x}}, Q_i) \cong \boldsymbol{\omega}(\tilde{\boldsymbol{x}}, Q_j) \tag{8.5}$$

また，不完全定義順序回路の Q_i, Q_j を区別する入力系列が存在する場合，これらは**非両立的**であるといい，$Q_i \nsim Q_j$ と表記する．

$$Q_i \nsim Q_j \iff \exists \tilde{\boldsymbol{x}},\ \boldsymbol{\omega}(\tilde{\boldsymbol{x}}, Q_i) \ncong \boldsymbol{\omega}(\tilde{\boldsymbol{x}}, Q_j) \tag{8.6}$$

ここで，補題 8.1 より，系列の両立性は推移律が成立しないので，状態の両立性についても同様のことが言える．

補題 8.2

状態の両立性は，推移律が成立しない．

したがって，両立的な状態の判別は各状態対について行う必要がある．両立的な状態対の判別には，以下の補題を用いる．

補題 8.3

状態 Q_i, Q_j において，これらの遷移先状態 $\boldsymbol{\delta}(\boldsymbol{x}, Q_i), \boldsymbol{\delta}(\boldsymbol{x}, Q_j)$ が非両立的であるような入力 $\boldsymbol{x} \in \boldsymbol{X}$ が存在するならば，Q_i, Q_j は非両立的である．すなわち，

$$\exists \boldsymbol{x} \in \boldsymbol{X},\ \boldsymbol{\delta}(\boldsymbol{x}, Q_i) \nsim \boldsymbol{\delta}(\boldsymbol{x}, Q_j) \implies Q_i \nsim Q_j \tag{8.7}$$

この補題を順次適用することにより，非両立的な状態対をすべて求めることができる．その具体的手順は，図 8.1(a) に示すような表を用いる．この表は，**インプリケーションテーブル**（implication table）と呼ばれる．ここでは，表の左端と下端に状態 $Q_0, Q_1, Q_2, Q_3, Q_4, Q_5$ の添え字 $0, 1, 2, 3, 4, 5$ が記入されており，表内部の各マス目には，対応する状態対に関する情報を以下の要領に

$\delta(1, Q_0) \neq \omega(1, Q_2) \Rightarrow Q_0 \not\sim Q_2$
$\delta(1, Q_2) \neq \omega(1, Q_3) \Rightarrow Q_2 \not\sim Q_3$
$\delta(1, Q_2) \neq \omega(1, Q_5) \Rightarrow Q_2 \not\sim Q_5$

$Q_0 \not\sim Q_2 \Rightarrow Q_1 \not\sim Q_2$
$Q_0 \not\sim Q_2 \Rightarrow Q_1 \not\sim Q_3$
$Q_2 \not\sim Q_5 \Rightarrow Q_1 \not\sim Q_4$
$Q_1 \not\sim Q_2 \Rightarrow Q_1 \not\sim Q_5$
$Q_1 \not\sim Q_5 \Rightarrow Q_4 \not\sim Q_5$

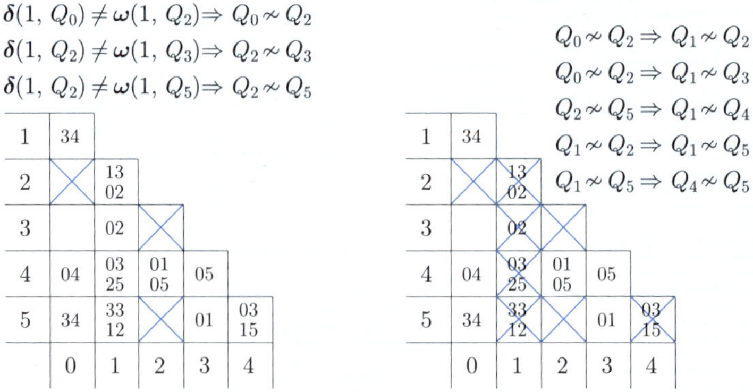

(a)　(b)

図 8.1 表 8.1 の不完全順序回路の状態対の遷移先を示した表（インプリケーションテーブル）

従って記入する．

- 図 8.1(a) の 3 つの状態対 $(Q_0, Q_2), (Q_2, Q_3), (Q_2, Q_5)$ のように，長さ 1 の入力系列によって区別される状態対のマス目に × 印を記入する．
- 上記以外の状態対については，各入力 $x \in X$ に対する状態対の遷移先の 2 つの状態の添え字を記入する．ここでは遷移先の状態対だけが重要なので，添え字の順番は任意でよいが，見やすさのために添え字の小さい順にする．

状態対 (Q_0, Q_1) では，$\delta(0, Q_0) = Q_4, \delta(0, Q_1) = Q_3$ であるのでマス目にはこれらの添え字を小さい順に並べた「34」を記入する．また，$\delta(1, Q_0) = *, \delta(1, Q_1) = Q_2$ であるが，このように一方の遷移先状態がドントケアの場合は，以後の出力系列がドントケアになり状態の区別ができないので，遷移先状態の添え字は記入しないでよい．

状態対 (Q_1, Q_2) では，$\delta(0, Q_1) = Q_3, \delta(0, Q_2) = Q_1$ に対応する「13」と $\delta(1, Q_1) = Q_2, \delta(1, Q_2) = Q_0$ に対応する「02」をマス目に記入する．

状態対 (Q_0, Q_3) では，2 つの入力に対していずれも片方の遷移先状態がドントケアであるので，マス目には何も記入されない．

次に，補題 8.3 を用いて，非両立的な状態対の添え字が記入されているマス目に × 印を記入し，新たな非両立的状態対を見つけていく．

- $Q_0 \nsim Q_2 \implies Q_1 \nsim Q_2, Q_1 \nsim Q_3$ （∵ マス目 $(1,2),(1,3)$ に「02」があるので）
- $Q_2 \nsim Q_5 \implies Q_1 \nsim Q_4$ （∵ マス目 $(1,4)$ に「25」があるので）
- $Q_1 \nsim Q_2 \implies Q_1 \nsim Q_5$ （∵ マス目 $(1,5)$ に「12」があるので）
- $Q_1 \nsim Q_5 \implies Q_4 \nsim Q_5$ （∵ マス目 $(4,5)$ に「15」があるので）

ここで，残りのマス目には非両立的な状態対がないので，これ以上新たな非両立的状態対を見つけることができない．したがって，最終的には以下に示す両立的状態対と非両立的状態対が判別される．

$$\begin{aligned} &Q_0 \nsim Q_2,\ Q_2 \nsim Q_3,\ Q_2 \nsim Q_5,\ Q_1 \nsim Q_2, \\ &Q_1 \nsim Q_3,\ Q_1 \nsim Q_4,\ Q_1 \nsim Q_5,\ Q_4 \nsim Q_5 \end{aligned} \tag{8.8}$$

$$\begin{aligned} &Q_0 \sim Q_1,\ Q_0 \sim Q_3,\ Q_0 \sim Q_4,\ Q_0 \sim Q_5, \\ &Q_2 \sim Q_4,\ Q_3 \sim Q_4,\ Q_3 \sim Q_5 \end{aligned} \tag{8.9}$$

8.2.2　両立的状態集合の導出

図 8.2(a) は式 (8.9) の両立的状態対をグラフ表現した状態の**両立性グラフ**（compatibility graph）である．このグラフでは頂点（vertex）が状態を表し，両立的な状態対の頂点間に辺（edge）が存在する．

完全定義順序回路では，状態の等価性から「等価状態集合」を直接求めることができたが，不完全順序回路では，以下のような「両立的状態集合」を考える．

定義 8.4（両立的状態集合）

状態集合 $\boldsymbol{C} \subseteq \boldsymbol{Q}$ について，$\boldsymbol{C}$ に属する任意の状態対 Q_i, Q_j が両立的である場合，すなわち，

$$\forall Q_i, Q_j \in \boldsymbol{C},\ Q_i \sim Q_j \tag{8.10}$$

である場合，$\boldsymbol{C}$ を**両立的状態集合**（compatible state set）と呼ぶ．また，他のいかなる両立的状態集合に包含されない両立的状態集合を**極大両立的状態集合**（maximal compatible state set）と呼ぶ．

両立的状態集合 $\boldsymbol{C}$ は，両立性グラフにおける**完全部分グラフ**（complete subgraph）または**クリーク**（clique）に対応する．完全部分グラフ（クリーク）とは，部分グラフの任意の 2 頂点間に辺があるグラフである．また，極大両立的状態集合は，両立グラフにおける**極大クリーク**（maximal clique）に対応する．

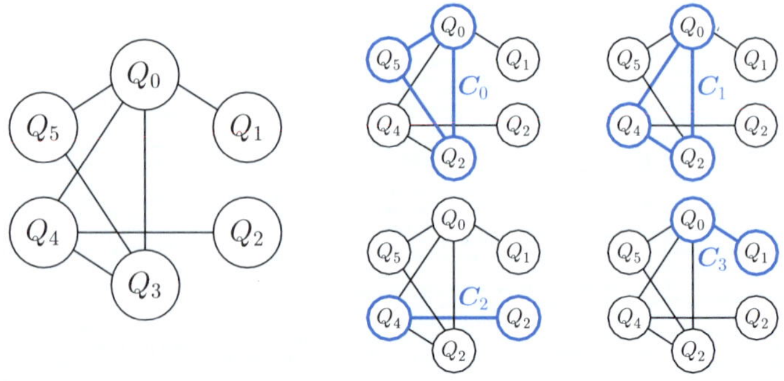

(a)　(b)

図 8.2　状態の両立性グラフと完全部分グラフ（クリーク）

図 8.2(b) は，(a) の両立性グラフに含まれる 3 つの極大クリークを青線で示しており，以下の極大両立的状態集合に対応している．

$$\begin{aligned} \boldsymbol{C}_0 &= \{Q_0, Q_3, Q_5\} \\ \boldsymbol{C}_1 &= \{Q_0, Q_3, Q_4\} \\ \boldsymbol{C}_2 &= \{Q_2, Q_4\} \\ \boldsymbol{C}_3 &= \{Q_0, Q_1\} \end{aligned} \tag{8.11}$$

また，$\{Q_0, Q_3\}$ や $\{Q_3, Q_5\}$ などは，両立的状態集合であるが極大ではない．

このように，すべての極大クリークを見つけることは，一般に**極大クリーク列挙問題**（maximal clique enumeration problem）と呼ばれており，NP 困難であることが知られている．極大両立的状態集合を求める別のアプローチとして，非両立的状態対に着目して，状態集合から非両立的な状態対の一方を取り除く操作を繰り返す方法を次に説明する．図 8.3 において，まず元の状態集合 $\boldsymbol{Q} = \{Q_0, Q_1, Q_2, Q_3, Q_4, Q_5\}$ から始めるが，図では簡単のため状態の添え字だけを使ってこれを $\{0, 1, 2, 3, 4, 5\}$ と表記している．ここで，この状態集合に含まれている非両立的状態対として $Q_0 \nsim Q_2$ を選び，ここから Q_0 を取り除いた状態集合 $\{Q_1, Q_2, Q_3, Q_4, Q_5\}$ と，Q_2 を取り除いた状態集合 $\{Q_0, Q_1, Q_3, Q_4, Q_5\}$ の新たな 2 つの状態集合に展開する．

このようにして，それぞれの状態集合について，その中に含まれている非両立的状態対を分離して 2 つの状態集合に展開する操作を繰り返すことによって，極大両立的集合をすべて見つけることができる．ただし，これらの操作の過程

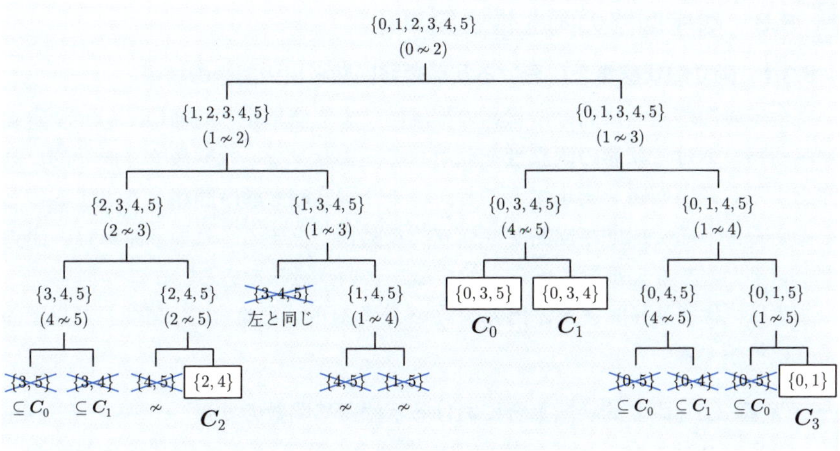

図 8.3 極大両立的状態集合の求め方

の中では以下のことに注意する必要がある．

- 図 8.3 では，展開された集合 $\{3, 4, 5\}$ が 2 箇所出現している．このように，同じ状態集合が複数出現した場合は，2 回目以降は展開操作を打ち切る．
- 状態集合が最後の 2 つまで展開されると，$\{3, 5\}$ や $\{3, 4\}$ が左側に出現しているが，これらは既に見つかっている極大両立的状態集合の部分集合である．このように，見つかった両立的集合が必ずしも極大とは限らないことに注意する．
- 図 8.3 で示している状態集合の展開操作は，2 分木構造として表すことができるが，状態集合を展開する順序としては，**幅優先**（breadth-first order）で行うことによって，同じ状態集合の複数出現や部分状態集合の出現を検知し，冗長な操作を省く**枝刈り**（pruning）が可能になる．

8.3 順序回路の両立性と簡単化

8.3.1 両立的状態集合における状態遷移関数と出力関数の拡張

完全定義順序回路における状態の等価性による簡単化と同様に，不完全定義順序回路における**状態の両立性**を利用して，より少ない状態数で「両立的な動作をする」順序回路を実現すること，つまり**両立的な順序回路**を導出することを考える．ここで，順序回路が「両立的な動作」をする，という意味は，出力がドントケアでない部分で常に一致する，という意味である．

まずは，状態遷移関数 $\boldsymbol{\delta}$ と出力関数 $\boldsymbol{\omega}$ を両立的状態集合 $\boldsymbol{C}_i$ に関して以下のように拡張する．

定義 8.5（両立的状態集合における状態遷移関数の拡張）

両立的状態集合 $\boldsymbol{C}_i$ の各状態の入力 $\boldsymbol{x} \in \boldsymbol{X}$ に対する次状態の集合を $\boldsymbol{\delta}_c(\boldsymbol{x}, \boldsymbol{C}_i)$ と表す．ただし，ドントケアな次状態を除く．すなわち，

$$\boldsymbol{\delta}_c(\boldsymbol{x}, \boldsymbol{C}_i) = \{\boldsymbol{\delta}(\boldsymbol{x}, Q_k) \mid Q_k \in \boldsymbol{C}_i, \boldsymbol{\delta}(\boldsymbol{x}, Q_k) \neq *\} \tag{8.12}$$

定義 8.6（両立的状態集合における出力関数の拡張）

両立的状態集合 $\boldsymbol{C}_i$ の各状態の入力 $\boldsymbol{x} \in \boldsymbol{X}$ に対する出力を $\boldsymbol{\omega}_c(\boldsymbol{x}, \boldsymbol{C}_i)$ と表し，以下のように定める．

$$\boldsymbol{\omega}_c(\boldsymbol{x}, \boldsymbol{C}_i) = \begin{cases} \boldsymbol{\omega}(\boldsymbol{x}, Q_k) & (\exists Q_k \in \boldsymbol{C}_i,\ \boldsymbol{\omega}(\boldsymbol{x}, Q_k) \neq *) \\ * & (\forall Q_k \in \boldsymbol{C}_i,\ \boldsymbol{\omega}(\boldsymbol{x}, Q_k) = *) \end{cases} \tag{8.13}$$

上記2つの定義は，状態の両立性に基づく順序回路の簡単化を実現するための重要な関数を定めているが，特に拡張した状態遷移関数 $\boldsymbol{\delta}_c$ の性質が重要になってくる．まず，補題8.3の対偶を取り，以下を導出する．

補題 8.4

状態 Q_i, Q_j が両立的であれば，任意の入力 $\boldsymbol{x} \in \boldsymbol{X}$ に対する遷移先状態 $\boldsymbol{\delta}(\boldsymbol{x}, Q_i), \boldsymbol{\delta}(\boldsymbol{x}, Q_j)$ は両立的である．すなわち，

$$Q_i \sim Q_j \Longrightarrow \forall \boldsymbol{x} \in \boldsymbol{X},\ \boldsymbol{\delta}(\boldsymbol{x}, Q_i) \sim \boldsymbol{\delta}(\boldsymbol{x}, Q_j) \tag{8.14}$$

すると，式(8.12)によって与えられる次状態集合 $\boldsymbol{\delta}_c(\boldsymbol{x}, \boldsymbol{C}_i)$ の各状態は互いに両立的であることがわかる．したがって，以下の補題を得る．

補題 8.5

任意の入力 $\boldsymbol{x} \in \boldsymbol{X}$ と任意の両立的状態集合 $\boldsymbol{C}_i$ において，

$$\boldsymbol{\delta}_c(\boldsymbol{x}, \boldsymbol{C}_i) \subseteq \boldsymbol{C}_j \tag{8.15}$$

であるような両立的状態集合 $\boldsymbol{C}_j$ が必ず存在する．

8.3.2　両立的状態集合を用いた順序回路の簡単化

ここで，元の順序回路 $M(\boldsymbol{X}, \boldsymbol{Q}, \boldsymbol{Z}, \boldsymbol{\delta}, \boldsymbol{\omega})$ から，状態の両立性に基づいて簡単化された順序回路 $M(\boldsymbol{X}, \hat{\boldsymbol{Q}}_c, \boldsymbol{Z}, \hat{\boldsymbol{\delta}}_c, \hat{\boldsymbol{\omega}}_c)$ を導出することを考える．

定義 8.7（簡単化における両立的状態集合の決定）

両立的状態集合の集合 $\boldsymbol{Q}_c = \{\boldsymbol{C}_0, \boldsymbol{C}_1, \cdots, \boldsymbol{C}_{L-1}\}$ を以下の条件を満たすように定める．

$$\boldsymbol{C}_0 \cup \boldsymbol{C}_1 \cup \cdots \cup \boldsymbol{C}_{L-1} = \boldsymbol{Q} \tag{8.16}$$

$$\forall \boldsymbol{x} \in \boldsymbol{X},\ \forall \boldsymbol{C}_i \in \boldsymbol{Q}_c,\ \exists \boldsymbol{C}_j \in \boldsymbol{Q}_c,\ \boldsymbol{\delta}_c(\boldsymbol{x}, \boldsymbol{C}_i) \subseteq \boldsymbol{C}_j \tag{8.17}$$

式 (8.16) の条件は，すべての状態 $Q_i \in \boldsymbol{Q}$ はいずれかの両立的状態集合 $\boldsymbol{C}_i \in \boldsymbol{Q}_c$ に含まれることを意味し，式 (8.17) の条件は，両立的状態集合 $\boldsymbol{C}_i \in \boldsymbol{Q}_c$ の次状態集合 $\boldsymbol{\delta}_c(\boldsymbol{x}, \boldsymbol{C}_i)$ を包含する両立的状態集合が $\boldsymbol{Q}_c$ に含まれることを意味する．

次に，それぞれの $\boldsymbol{C}_i \in \boldsymbol{Q}_c$ について 1 つの状態 $\hat{Q}_i$ を対応付けて，$\hat{\boldsymbol{Q}}_c = \{\hat{Q}_0, \hat{Q}_1, \cdots, \hat{Q}_{L-1}\}$ とする．両立的状態集合 $\boldsymbol{C}_i$ と新たな状態 $\hat{Q}_i$ との対応付けを $\hat{Q}_i \longleftrightarrow \boldsymbol{C}_i$ と表す．

定義 8.8（簡単化された状態遷移関数及び出力関数の導出）

$\forall \boldsymbol{x} \in \boldsymbol{X},\ \forall \hat{Q}_i \in \hat{\boldsymbol{Q}}_c\ (\hat{Q}_i \longleftrightarrow \boldsymbol{C}_i)$ について，

$$\hat{\boldsymbol{\delta}}_c(\boldsymbol{x}, \hat{Q}_i) = \hat{Q}_j \longleftrightarrow \boldsymbol{C}_j \quad (\text{ただし，} \boldsymbol{\delta}(\boldsymbol{x}, \boldsymbol{C}_i) \subseteq \boldsymbol{C}_j) \tag{8.18}$$

$$\hat{\boldsymbol{\omega}}_c(\boldsymbol{x}, \hat{Q}_i) = \boldsymbol{\omega}_c(\boldsymbol{x}, \boldsymbol{C}_i) \tag{8.19}$$

表 8.2 は，表 8.1 の状態遷移表を，式 (8.20) で示した 3 つの極大両立的状態集合によって並べ替えたものである．ここで，補題 8.5 より，これら 3 つの極大両立的状態集合に新たな状態を対応させることを考える．

表 8.2　表 8.1 の状態遷移表における両立的状態集合による並べ替え

Q \ X	δ 0	δ 1	ω 0	ω 1
Q_0 (C_0)	Q_4	$*$	0	1
Q_3 (C_0)	$*$	Q_0	$*$	1
Q_5 (C_0)	Q_3	Q_1	0	1
Q_0 (C_1)	Q_4	$*$	0	1
Q_3 (C_1)	$*$	Q_0	$*$	1
Q_4 (C_1)	Q_0	Q_5	0	$*$
Q_2 (C_2)	Q_1	Q_0	0	0
Q_4 (C_2)	Q_0	Q_5	0	$*$
Q_0 (C_3)	Q_4	$*$	0	1
Q_1 (C_3)	Q_3	Q_2	0	$*$

表 8.3　表 8.2 を簡単化した状態遷移表

$\hat{Q}$ \ X	$\hat{\delta}_c$ 0	$\hat{\delta}_c$ 1	$\hat{\omega}_c$ 0	$\hat{\omega}_c$ 1
$\hat{Q}_0$	$\hat{Q}_1$	$\hat{Q}_3$	0	1
$\hat{Q}_1$	$\hat{Q}_1$	$\hat{Q}_0$	0	1
$\hat{Q}_2$	$\hat{Q}_3$	$\hat{Q}_0$	0	0
$\hat{Q}_3$	$\hat{Q}_1$	$\hat{Q}_2$	0	1

$$
\begin{aligned}
\boldsymbol{C}_0 &= \{Q_0, Q_3, Q_5\} \longleftrightarrow \hat{Q}_0 \\
\boldsymbol{C}_1 &= \{Q_0, Q_3, Q_4\} \longleftrightarrow \hat{Q}_1 \\
\boldsymbol{C}_2 &= \{Q_2, Q_4\} \qquad \longleftrightarrow \hat{Q}_2 \\
\boldsymbol{C}_3 &= \{Q_0, Q_1\} \qquad \longleftrightarrow \hat{Q}_3
\end{aligned}
\tag{8.20}
$$

さらに，これら極大両立的状態集合における状態遷移関数 $\boldsymbol{\delta}_c$ を求めると，

$$
\begin{aligned}
\boldsymbol{\delta}_c(0, \boldsymbol{C}_0) &= \{Q_3, Q_4\} \subseteq \boldsymbol{C}_1 & \therefore\ \hat{\boldsymbol{\delta}}_c(0, \hat{Q}_0) &= \hat{Q}_1 \\
\boldsymbol{\delta}_c(1, \boldsymbol{C}_0) &= \{Q_0, Q_1\} \subseteq \boldsymbol{C}_3 & \therefore\ \hat{\boldsymbol{\delta}}_c(1, \hat{Q}_0) &= \hat{Q}_3 \\
\boldsymbol{\delta}_c(0, \boldsymbol{C}_1) &= \{Q_0, Q_4\} \subseteq \boldsymbol{C}_1 & \therefore\ \hat{\boldsymbol{\delta}}_c(0, \hat{Q}_1) &= \hat{Q}_1 \\
\boldsymbol{\delta}_c(1, \boldsymbol{C}_1) &= \{Q_0, Q_5\} \subseteq \boldsymbol{C}_0 & \therefore\ \hat{\boldsymbol{\delta}}_c(1, \hat{Q}_1) &= \hat{Q}_0 \\
\boldsymbol{\delta}_c(0, \boldsymbol{C}_2) &= \{Q_0, Q_1\} \subseteq \boldsymbol{C}_3 & \therefore\ \hat{\boldsymbol{\delta}}_c(0, \hat{Q}_2) &= \hat{Q}_3 \\
\boldsymbol{\delta}_c(1, \boldsymbol{C}_2) &= \{Q_0, Q_5\} \subseteq \boldsymbol{C}_0 & \therefore\ \hat{\boldsymbol{\delta}}_c(1, \hat{Q}_2) &= \hat{Q}_0 \\
\boldsymbol{\delta}_c(0, \boldsymbol{C}_3) &= \{Q_3, Q_4\} \subseteq \boldsymbol{C}_1 & \therefore\ \hat{\boldsymbol{\delta}}_c(0, \hat{Q}_2) &= \hat{Q}_1 \\
\boldsymbol{\delta}_c(1, \boldsymbol{C}_3) &= \{Q_2\} \qquad \subseteq \boldsymbol{C}_2 & \therefore\ \hat{\boldsymbol{\delta}}_c(1, \hat{Q}_2) &= \hat{Q}_2
\end{aligned}
\tag{8.21}
$$

以上を元に，簡単化された順序回路の状態遷移表を表 8.3 に示す．

表 8.4　不完全定義順序回路

	δ		ω	
Q \ X	0	1	0	1
Q_0	Q_4	$*$	0	1
Q_1	Q_1	Q_0	0	$*$
Q_2	Q_1	Q_3	0	0
Q_3	$*$	Q_5	$*$	1
Q_4	Q_2	Q_3	0	$*$
Q_5	Q_0	Q_2	0	1

$\omega(1, Q_0) \neq \omega(1, Q_2) \Rightarrow Q_0 \not\sim Q_2$
$\omega(1, Q_2) \neq \omega(1, Q_3) \Rightarrow Q_2 \not\sim Q_3$
$\omega(1, Q_2) \neq \omega(1, Q_5) \Rightarrow Q_2 \not\sim Q_5$

$Q_0 \not\sim Q_2 \Rightarrow Q_1 \not\sim Q_5$
$Q_0 \not\sim Q_2 \Rightarrow Q_4 \not\sim Q_5$
$Q_2 \not\sim Q_5 \Rightarrow Q_3 \not\sim Q_5$
$Q_3 \not\sim Q_5 \Rightarrow Q_3 \not\sim Q_4$

$C_0 = \{Q_0, Q_1, Q_3\}$, $C_1 = \{Q_0, Q_1, Q_4\}$
$C_2 = \{Q_0, Q_5\}$, $C_3 = \{Q_1, Q_2, Q_4\}$

(a)　(b)

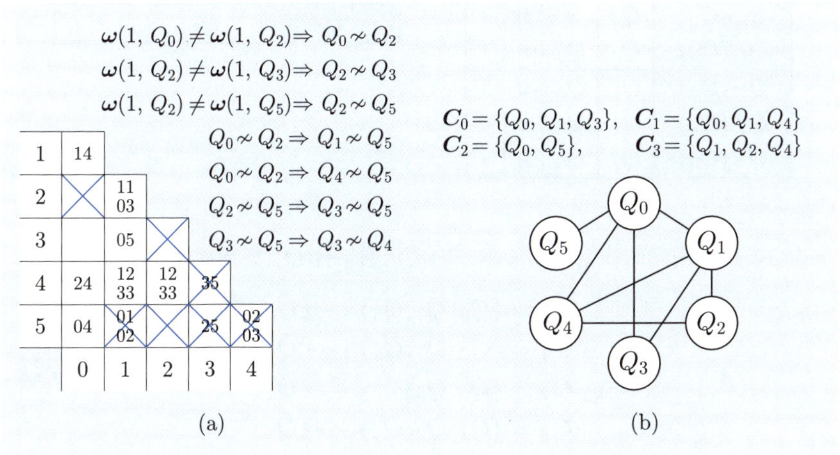

図 8.4　表 8.4 のインプリケーションテーブルと状態両立性グラフ

8.3.3　不完全定義順序回路の状態数最小化

状態の両立性に基づく順序回路の簡単化は，定義 8.7 と定義 8.8 によってその導出方法が与えられ，すべての極大両立的集合から Q_c を構成することよって，簡単化された順序回路が必ず実現できることが，補題 8.5 によって保証されている．

では，極大両立的集合で Q_c を構成することよって，簡単化された順序回路の状態数が最小になることが保証されるであろうか？　ここでは，表 8.4 に示す別の例で考えてみよう．図 8.4(a) に示すインプリケーションテーブルにより非両立的状態対を求め，そこから作成される図 8.4(b) の両立性グラフに含まれ

表 8.5　表 8.4 の状態遷移表における極大両立的状態集合による並べ替え

Q \ X	δ 0	δ 1	ω 0	ω 1
Q_0 (C_0)	Q_4	$*$	0	1
Q_1 (C_0)	Q_1	Q_0	0	$*$
Q_3 (C_0)	$*$	Q_5	$*$	1
Q_0 (C_1)	Q_4	$*$	0	1
Q_1 (C_1)	Q_1	Q_0	0	$*$
Q_4 (C_1)	Q_2	Q_3	0	$*$
Q_0 (C_2)	Q_4	$*$	0	1
Q_5 (C_2)	Q_0	Q_2	0	1
Q_1 (C_3)	Q_1	Q_0	0	$*$
Q_2 (C_3)	Q_1	Q_3	0	0
Q_4 (C_3)	Q_2	Q_3	0	$*$

表 8.6　表 8.5 を簡単化した状態遷移表

$\hat{Q}$ \ X	δ 0	δ 1	ω 0	ω 1
$\hat{Q}_0$	$\hat{Q}_1 \vee \hat{Q}_3$	$\hat{Q}_2$	0	1
$\hat{Q}_1$	$\hat{Q}_3$	$\hat{Q}_0$	0	1
$\hat{Q}_2$	$\hat{Q}_1$	$\hat{Q}_3$	0	1
$\hat{Q}_3$	$\hat{Q}_3$	$\hat{Q}_0$	0	0

る 4 つの極大両立的状態集合に基づいて状態集合 $\hat{\boldsymbol{Q}}_c$ を構成する．

$$\begin{aligned} \boldsymbol{C}_0 &= \{Q_0, Q_1, Q_3\} \longleftrightarrow \hat{Q}_0 \\ \boldsymbol{C}_1 &= \{Q_0, Q_1, Q_4\} \longleftrightarrow \hat{Q}_1 \\ \boldsymbol{C}_2 &= \{Q_0, Q_5\} \qquad \longleftrightarrow \hat{Q}_2 \\ \boldsymbol{C}_3 &= \{Q_1, Q_2, Q_4\} \longleftrightarrow \hat{Q}_3 \end{aligned} \tag{8.22}$$

これらの 4 つの極大両立的状態集合によって状態遷移表を並べ替えたものを表 8.5 に示し，これに基づいて簡単化した状態遷移表を表 8.6 に示す．ここで，次状態集合 $\boldsymbol{\delta}_c(0, \boldsymbol{C}_0) = \{Q_1, Q_4\}$ は，$\boldsymbol{C}_1$ 及び $\boldsymbol{C}_3$ によって包含されるので，次状態 $\hat{\boldsymbol{\delta}}_c(0, \hat{Q}_0)$ は，$\hat{Q}_1, \hat{Q}_3$ のいずれでもよく，このことを表 8.6 では $\hat{Q}_1 \vee \hat{Q}_3$ と表している．

次に，定義 8.7 の式 (8.17) の条件式 $\boldsymbol{\delta}_c(\boldsymbol{x}, \boldsymbol{C}_i) \subseteq \boldsymbol{C}_j$ を満足するために必要のない $\boldsymbol{C}_j$ の状態を除去することを考える．

- $\boldsymbol{C}_0 = \{Q_0, Q_1, Q_3\}$ が包含する次状態集合は $\boldsymbol{\delta}_c(1, \boldsymbol{C}_1) = \{Q_0, Q_3\}$，$\boldsymbol{\delta}_c(1, \boldsymbol{C}_3) = \{Q_0, Q_3\}$ なので，$\boldsymbol{C}_0 = \{Q_0, Q_3\}$ として Q_1 を $\boldsymbol{C}_0$ から除去できる．すると，$\boldsymbol{C}_0$ の次状態集合は以下の通りになる．

表 8.7　表 8.4 の状態遷移表における式 (8.25) の両立的状態集合による並べ替え

	$\boldsymbol{\delta}$		$\boldsymbol{\omega}$	
$\boldsymbol{Q}$ \ $\boldsymbol{X}$	0	1	0	1
Q_0 ($\boldsymbol{C}_0$)	Q_4	$*$	0	1
Q_3 ($\boldsymbol{C}_0$)	$*$	Q_5	$*$	1
Q_5 ($\boldsymbol{C}_1$)	Q_0	Q_2	0	1
Q_1 ($\boldsymbol{C}_2$)	Q_1	Q_0	0	$*$
Q_2 ($\boldsymbol{C}_2$)	Q_1	Q_3	0	0
Q_4 ($\boldsymbol{C}_2$)	Q_2	Q_3	0	$*$

表 8.8　表 8.7 を簡単化した状態遷移表

	$\boldsymbol{\delta}$		$\boldsymbol{\omega}$	
$\hat{\boldsymbol{Q}}$ \ $\boldsymbol{X}$	0	1	0	1
$\hat{Q}_0$	$\hat{Q}_3$	$\hat{Q}_1$	0	1
$\hat{Q}_1$	$\hat{Q}_0$	$\hat{Q}_2$	0	1
$\hat{Q}_2$	$\hat{Q}_2$	$\hat{Q}_0$	0	0

$$\begin{aligned}\boldsymbol{\delta}_c(0,\boldsymbol{C}_0) &= \{Q_4\}\\ \boldsymbol{\delta}_c(1,\boldsymbol{C}_0) &= \{Q_5\}\end{aligned} \tag{8.23}$$

- $\boldsymbol{C}_2 = \{Q_0, Q_5\}$ が包含する次状態集合は $\boldsymbol{\delta}_c(1,\boldsymbol{C}_0) = \{Q_5\}$ なので，$\boldsymbol{C}_2 = \{Q_5\}$ として Q_0 を $\boldsymbol{C}_2$ から除去できる．すると，$\boldsymbol{C}_2$ の次状態集合は以下の通りになる．

$$\begin{aligned}\boldsymbol{\delta}_c(0,\boldsymbol{C}_2) &= \{Q_0\}\\ \boldsymbol{\delta}_c(1,\boldsymbol{C}_2) &= \{Q_2\}\end{aligned} \tag{8.24}$$

- $\boldsymbol{C}_1 = \{Q_0, Q_1, Q_4\}$ が包含する次状態集合は $\boldsymbol{\delta}_c(0,\boldsymbol{C}_0) = \{Q_4\}$，$\boldsymbol{\delta}_c(0,\boldsymbol{C}_2) = \{Q_0\}$ であるが，いずれも他の両立的状態集合によって包含されるので，$\boldsymbol{C}_1$ を定義 8.7 の $\boldsymbol{Q}_c$ から取り除いても構わない．

以上を踏まえて，以下の両立的状態集合を元に状態集合 $\hat{\boldsymbol{Q}}_c$ を構成する．

$$\begin{aligned}\boldsymbol{C}_0 &= \{Q_0, Q_3\} &&\longleftrightarrow \hat{Q}_0\\ \boldsymbol{C}_1 &= \{Q_5\} &&\longleftrightarrow \hat{Q}_1\\ \boldsymbol{C}_2 &= \{Q_1, Q_2, Q_4\} &&\longleftrightarrow \hat{Q}_2\end{aligned} \tag{8.25}$$

これらの 3 つの両立的状態集合によって状態遷移表を並べ替えたものを表 8.7 に示し，簡単化した状態遷移表を表 8.8 に示す．

8.3.4 完全定義順序回路と不完全定義順序回路における簡単化

ここでは，7 章と 8 章で見てきた順序回路の簡単化についてまとめる．

完全定義順序回路の簡単化は，等価状態集合を見つけることによって行うが，状態数を N としたとき，7.1.3 項で説明した方法の計算時間は $O(N^2)$ であり，この方法を改良した $O(N \log N)$ 時間のアルゴリズムも提案されている[2)]．求めた等価状態集合から 7.2.2 項で説明した方法で導出される順序回路は，状態数が最小であることが保証される．

不完全定義順序回路の簡単化は，両立的状態集合を見つけることによって行うが，状態の両立性は等価性と違って推移律が成立しない (181 ページ補題 8.2) ために，等価性による簡単化と比べて極めて難しい問題である．まず，184 ページで説明したように，すべての極大両立的集合を求める問題は，NP 困難であることが知られている両立性グラフの極大クリーク列挙問題と等価である．さらに，両立性に基づいた簡単化において，極大両立的集合から状態を構成する方法は，補題 8.5 によって実現性は保証されるものの，状態数最小化を保証していない．状態数最小化を保証するためには，式 (8.16), (8.17) の条件を満たす極大両立的集合の部分集合についても確かめる必要があり，最小化を厳密に保証するアルゴリズムは極めて煩雑である[3)]．

[2)] J. E. Hopcroft, "An n log n algorithm for minimizing states in a Finite automaton", Technical Report CS-71-190, Stanford University, (1971)

[3)] 後藤 公雄, "IMPC と両立性対の使用による不完全指定順序回路の最小化の一手法", 情報処理学会論文誌, Vol. 28, No. 6, pp.646–657, (1987)

8 章の問題

□**1** 表 8.9 に示す状態遷移表について以下に答えよ．

(1) 非両立的な状態対をすべて求めよ．

(2) 極大両立的集合をすべて求めよ．

(3) すべての極大両立的集合に基づいて状態集合 $\hat{Q}_c$ を構成して簡単化した状態遷移表を求めよ．

□**2** 表 8.10 に示す状態遷移表について以下に答えよ．

(1) 非両立的な状態対をすべて求めよ．

(2) 極大両立的集合をすべて求めよ．

(3) すべての極大両立的集合に基づいて状態集合 $\hat{Q}_c$ を構成して簡単化した状態遷移表を求めよ．

(4) 上記で求めた状態遷移表において，冗長な状態を削除し，より簡単化された状態遷移表を示せ．

表 8.9 状態遷移表

	δ		ω	
Q \ X	0	1	0	1
Q_0	Q_5	Q_4	0	1
Q_1	Q_1	$*$	0	$*$
Q_2	Q_0	Q_3	0	0
Q_3	$*$	Q_2	$*$	1
Q_4	Q_3	Q_2	0	1
Q_5	Q_1	Q_0	0	$*$

表 8.10 状態遷移表

	δ			ω		
Q \ X	a	b	c	a	b	c
Q_0	Q_6	$*$	Q_4	0	$*$	0
Q_1	Q_3	Q_2	$*$	0	1	1
Q_2	Q_1	$*$	Q_4	0	$*$	1
Q_3	Q_3	Q_5	$*$	0	1	$*$
Q_4	Q_1	Q_2	Q_2	$*$	1	$*$
Q_5	$*$	$*$	Q_1	$*$	$*$	0
Q_6	Q_0	$*$	Q_0	$*$	$*$	1

参 考 文 献

[1] 当麻喜弘，スイッチング回路理論，コロナ社，1986.

[2] P. Ashar, S. Devadas, R. Newton, Sequential Logic Synthesis, Kluwer Academic Publishers, 1992.

索　　引

た 行

な 行

は 行

ま　行

や　行

ら　行

わ　行

数字・欧字

著者略歴

一色　剛（いっしき　つよし）

1990 年　東京工業大学工学部電気・電子工学科卒業
1992 年　東京工業大学大学院理工学研究科電気・電子工学専攻修士課程修了
1996 年　カリフォルニア大学サンタクルーズ校コンピュータ工学専攻博士課程修了
同　年　東京工業大学工学部助手
2000 年　東京工業大学大学院理工学研究科集積システム専攻助教授
2001 年　東京大学大規模集積システム設計教育センター助教授
現　在　東京工業大学大学院理工学研究科集積システム専攻准教授
　　　　Ph.D.（コンピュータ工学）

LSI 設計技術，マルチコアシステム LSI アーキテクチャ，並列処理システムの研究に従事．

熊澤逸夫（くまざわ いつお）

1981 年　東京工業大学工学部電気・電子工学科卒業
1986 年　東京工業大学大学院理工学研究科情報工学専攻博士後期課程修了
同　年　東京工業大学工学部助手
現　在　東京工業大学像情報工学研究所教授
　　　　工学博士

パターン認識・画像処理，人工ニューラルネットワーク，認知知覚モデル，ユーザインタフェースの研究に従事．

電子・通信工学＝EKR–7
論理回路

2011 年 5 月 10 日 ©　　初　版　発　行

著者　一色　剛　　　　発行者　矢 沢 和 俊
　　　熊澤逸夫　　　　印刷者　小宮山恒敏
　　　　　　　　　　　製本者　石 毛 良 治

【発行】　株式会社　**数理工学社**
〒151–0051　東京都渋谷区千駄ヶ谷 1 丁目 3 番 25 号
☎（03）5474–8661（代）　サイエンスビル

【発売】　株式会社　**サイエンス社**
〒151–0051　東京都渋谷区千駄ヶ谷 1 丁目 3 番 25 号
営業☎（03）5474–8500（代）　振替 00170–7–2387
FAX☎（03）5474–8900

印刷　小宮山印刷工業（株）　　製本　ブックアート

ISBN978–4–901683–79–1

PRINTED IN JAPAN

サイエンス社・数理工学社の
ホームページのご案内
http://www.saiensu.co.jp
ご意見・ご要望は
suuri@saiensu.co.jp まで．